CHUYUBIANWOTU

厨余变沃土

——生活垃圾堆肥 DIY

绿精灵工作室 / 编著

长江出版传媒　湖北科学技术出版社

图书在版编目（CIP）数据

厨余变沃土:生活垃圾堆肥 DIY/ 绿精灵工作室
编著.—武汉:湖北科学技术出版社,2017.11
ISBN 978-7-5352-9483-8

Ⅰ.①厨… Ⅱ.①绿… Ⅲ.①生活废物—堆肥
Ⅳ.①S141.8

中国版本图书馆 CIP 数据核字(2017)
第 162112 号

策　　划:袁玉琦
责任编辑:曾　素　许　可
封面设计:胡　博
出版发行:湖北科学技术出版社
地址:武汉市雄楚大街 268 号
湖北出版文化城 B 座 13-14 层
网 址:http://www.hbstp.com.cn
电话:87679468
邮编:430070
印刷:武汉市金港彩印有限公司
2017 年 11 月第 1 版
2017 年 11 月第 1 次印刷
定 价:35.00 元
本书如有印装质量问题可找承印厂更换

编者序

自从"经营之神"王永庆开启厨余回收再利用后，经过大力宣传，厨余的功用再度受重视起来。然而，近年来环境污染严重，有毒食物、假食物等事件频频曝光，不仅让民众人心惶惶，人们更担心毒入口中。实际上，你也可以利用厨余堆肥种植出安全、有机的蔬菜花草，再不须担心有毒物质入侵你的身体。

提到做堆肥，一般人对于堆肥的印象不外乎酸臭味、引来蚊虫等。本书编者为解答大家的疑惑，不仅走访了全台湾各地的有机堆肥实践家，更亲身试验做堆肥。书中配以详尽的图文、步骤式教学、简单的操作器具、重点式笔记，为你记下每种堆肥法的要点和注意事项，让你轻松学、简单做。从今天起，开始制作无负担的有机堆肥，体验城市农夫的快乐生活吧！

Contents 目录

Part4　帮植物量身定做堆肥

Part5　快乐的实践家

Part

1

我家适合堆肥吗

用厨余做堆肥很花时间吧？
公寓大厦哪有空间做堆肥？
堆肥是不是随便做都会成功……
让我们先来解开入门前的疑惑。

堆肥新手的八大疑惑

建立信心，你一定做得到！

"厨余"，顾名思义，就是家里厨房和餐桌上吃剩的、不要的东西，以前大多被直接扫进垃圾桶，较有环保概念的，会倒入泔水桶里作养猪饲料。而今观念大不同了，各地不仅推广厨余回收，环保团体也提倡用厨余做堆肥，堆肥后的沃土可以绿化环境，还能改良土壤品质。

把厨余变黄金，这是现代人必修的环保点金术，身体力行做环保是再应该不过的，然而对不少人来说，回收厨余拿去倾倒是生活一大压力，更遑论留在家里做堆肥了。其中原因，和长久以来大家谈起厨余便联想到泔水桶、酸臭味有关，有人光是想象家里飘散着气味，几乎就要崩溃，但平心而论，厨余真的会臭味四溢吗？

堆肥新手的内心充满疑惑与恐惧，以下我们邀请台湾大学农艺系硕士，现任台湾大学农艺系教授，同时在永和社区大学任教的郑诚汉老师，针对大家最常提出的疑惑进行解答。

疑惑 1：厨余若直接丢掉会怎样？

常有人呼吁"厨余再利用"，但你知道不回收厨余会怎样吗？这里所指的，并非垃圾和厨余未妥善分类、混乱丢弃要罚款，而是指直接丢弃厨余究竟会对环境造成多可怕的伤害！

简单地说，厨余若被直接丢进垃圾车，最大受害者是你我的生活环境。环保部门曾统计，家庭垃圾的含水量大约是五成，市场垃圾的含水量更高达八成，这是烹调习惯使然。汤汤水水的厨余未经处理，若跟着垃圾一起进入掩埋场，自然会造成恶臭污染；若是一起进入焚化炉，枉费焚化炉大费周章地运作，到最后只能把厨余变成一锅"加热过、烧不干"的菜汤。燃烧不完全会产生有毒气体，严重污染空气，流到地底下继续影响水源、使水沟发臭，焚化炉的使用寿命也会缩短。

疑问 2：厨余给猪吃不是省钱又省事吗？

"猪就该吃厨余？"这可不见得喔！在北欧、丹麦、芬兰等国明文规定不准用厨余养猪了，一是为了动物保护，二是为了减轻防疫风险。

回收的厨余要喂给猪吃之前，一定会先煮沸杀菌。不过，厨余里要提防的不只有细菌！根据回

8

收厂的说法,厨余里充满"惊奇",令他们不得不花更高的人力、成本去收拾。你想得到的惊奇是什么? 剩菜? 剩饭? 骨头? 这些还不够惊悚,据说连塑料袋、轮胎、塑料瓶、晾衣架、木材都出现过! 如果在厨余的材料筛选分类上无法彻底执行,这样的东西你觉得适合喂猪吗? 如果小猪会说话,应该会抱怨:"我才不要吃呢!"

疑问3:用厨余做堆肥很花时间吧?

一听说堆肥需好几个月才完熟,就吓跑一堆没耐性的人。"我很忙,我没时间做"——这是大家最常用来搪塞责任的借口。

把厨余桶收集来的生熟厨余变成小块,放入堆肥箱内,再撒上菌种和泥土,每1~2天做1次,绝对比你打包垃圾、拎着厨余桶、走去社区门口等垃圾车、厨余回收车来得省时。之所以觉得厨余堆肥旷日费时,极可能是因为你做法有误,或是选择了不合适的堆肥方式。

疑问4:公寓大厦哪有空间做堆肥?

除非你家挤满了人,连走路都困难,否则用厨余做堆肥所占的空间,不会比一个垃圾桶大多少,况且多一个垃圾桶绝不会令你呼吸困难,或对空间产生压迫感。

哪怕无法住在别墅花园,住公寓大厦的住户可选择将堆肥桶放在阳台,也有人将它收在厨房水池台下方的空间,都是不错的选择。基本上,厨余桶所占空间有限,只要有心总可以找到它的藏身之地。

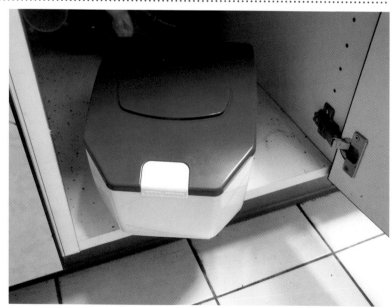

▲可在水池台下方内摆放厨余桶。

疑问5:家有宠物或幼儿可以做堆肥吗?

宠物的确容易被味道吸引,也会好奇主人"为何天天把好吃的喂给那只大桶",所以逮到机会,往往会试图去翻翻看,这是它们的天性。不过,家有宠物不是拒绝做堆肥的借口,因为你有能

力选择厨余桶和堆肥箱！只要是有不易开盖的厨余桶,或是通气式(仍需有盖)的堆肥箱,就算再多猫猫狗狗也阻止不了你做堆肥的决心。

育有幼儿的家庭,做厨余堆肥并不会产生困扰。只要桶子加盖就不会吸引蚊蝇,而且重点要教导孩子不要任意打开堆肥箱,等他年纪稍长一点,还可以教他如何处理厨余,让他练习把厨余放进堆肥箱,这是很宝贵的劳动教育呢!

疑问 6:堆肥的成功率高吗?

在家做堆肥是非常简单的,只要掌握基本原则,按照自己的生活条件,选择最适合的方法,成功率几乎是百分之百喔!

不过,每种堆肥法都有它的窍门,有些禁忌尽管毫无难度,但就是得避开。例如密封式堆肥箱,很多人都说会失败,其实,只要每隔 2~3 天就排出液肥,每次放入厨余后就均匀地撒菌种(连边缘都要放)、掩埋泥土,又怎会不成功呢? 太多朋友做厨余堆肥,成功之后越来越投入,越做越有成就感,忍不住在家里的阳台、顶楼开始种菜,甚至想找块地,过田园生活。

疑问 7:厨余堆肥又臭又易招惹蚊虫?

针对不可避免的味道及蚊虫问题,请你在用厨余做堆肥之前,先准备两样东西:一是红糖,二是大豆粉,并且采用改良式的厨余桶,问题即可迎刃而解!

请抛开你对厨余堆肥的成见,别说臭味,如果运用得当,调整后的厨余水甚至还会有淡淡果香味呢!这完全颠覆大家的印象了,不是吗?

疑问 8:堆肥做出来后该怎么利用?

厨余堆肥可以运用的范围,小至自家庭院,大至公共建筑。用来种花,花开得鲜艳;用来种树,树木长得特别粗大;用来种果菜,连番薯、小黄瓜都长得比平常大很多。

一般家庭的小农园,厨余堆肥绝对可以让你果实丰硕。甚至可以提倡社区营造,大家一起来做堆肥,既省下买肥料的钱,还保证社区里草木茂盛。还可以将厨余堆肥推广到校园中,培养下一代从小利用资源。厨余再利用所获得的收获,绝对超乎你的想象。

解开对堆肥的疑惑后,接下来请树立正确的堆肥观念,迎接堆肥的基础课吧!

▲ 将厨余撒上菌种,让它加速发酵成形。

▲ 做好的肥料撒上土壤,就成了有营养的有机沃土。

▲ 不定时的翻搅、整理也是种植出漂亮植物的秘诀。

▲ 利用堆肥种出的青菜翠绿又新鲜。

堆肥之前先认识发酵吧

无氧堆肥与有氧堆肥

堆肥的英文叫做 Compost,它是现代时尚的环保话题,经常和"有机种植""土地改良"等话题相联结。

其实早在商周时期,我们的老祖先便懂得使用堆粪、烧草木灰来滋养土地。在以农立国的东西方文明古国,都有堆肥的历史。不过,真正研究和推广堆肥,却是 20 世纪的事情,因为直到 19 世纪,人们才了解,发酵、腐熟都跟微生物有关。

无论哪一种堆肥法,想把不要的厨余变成有用的堆肥,都得靠发酵,而发酵靠的正是微生物。

发酵的原理是什么?

我们不妨把微生物想象成一群小精灵,它们自动进驻堆肥箱,负责把厨余这些有机质分解,如果环境和营养让这群小精灵满意,发酵的速度就会变快,厨余很快就会变成堆肥。

人有个性,小精灵也有——有的微生物讨厌氧气,必须在氧气稀薄甚至无氧的环境中才能起作用;有的微生物喜欢氧气,在氧气充足的环境里才会活跃和繁殖。以分解厨余的微生物来说,喜氧的种类比厌氧的要多。

因此,依照微生物厌氧和喜氧的特性,逐渐发展出无氧堆肥和有氧堆肥两大类方法。

堆肥一定要加菌种吗?

不管是为了取得堆肥土而回收厨余,还是为了解决厨余量而做堆肥,都是希望厨余能尽快被分解,所以除了自然的微生物,很多人会另外添加菌种来加速"堆肥化"的过程。

随着对微生物的研究,各种菌种被发现且灵活运用,有的专攻促进发酵,有的诉求消除异味,有的标榜能调整堆肥的碳氮比,真是琳琅满目。然而,菌种未必需要添购,即使添购也无须不断地购买,因为完熟的堆肥土,就可以用来当菌种再使用。

就算不添加菌种,只要经过较长的时间,堆肥还是会慢慢完熟的。

无氧堆肥与有氧堆肥有什么不同?

无氧堆肥这个名词,其实是相对于有氧堆肥所产生,更严格地说,家庭式无氧堆肥,充其量只是"少氧"罢了。

有氧堆肥是营造氧气充足的环境,让喜氧的微生物发挥作用;堆肥过程可以完全开放,可以四面用网子围住,可以不加盖或只盖网子,也可以使用透气的箱子。

无氧堆肥与有氧堆肥比一比

类 型	无氧堆肥	有氧堆肥
主要微生物	厌氧微生物	喜氧微生物
发酵原理	厌氧发酵	喜氧发酵
发展种类	较 少	较 多
使用容器	密封式	可透气
异味感	开始时较重、密闭时无味	较 轻
潮湿度	较高(需排水)	较低(不需排水)
引来蚊虫	不 易	容 易
引来宠物	不 易	容 易
翻 搅	不 需	每周1次
完熟速度	较 慢	较 快
堆肥产物	微湿堆肥土 + 液肥	松软堆肥土
酸碱度	微 酸	中 性
建议地点	庭院、楼顶、阳台	庭院、楼顶、阳台、厨房

五关键，家庭堆肥零失败

轻松上手，堆肥无负担

有经验的人做堆肥，总能轻轻松松两三下就搞定，新手做起来却容易手忙脚乱。传说中"随便做"也会成功的堆肥，究竟应掌握哪些关键？如何才能达到零失误呢？

Point 1》选择厨余桶和堆肥箱的尺寸

厨余跟堆肥可视为两个不同的阶段。你可以先将厨余沥干，收集一定数量后，再放入堆肥箱直到完熟才取出；也可以将厨余在堆肥箱中分解于无形，再将其取出另外放置于堆肥箱或花盆。如此，便能视空间大小，弹性调整想要的容器。

厨余放久会有异味，1~2 天就需处理，所以放厨余等候沥干的厨余桶不需太大，以能放入 2~3 天厨余量就足够了。至于堆肥的容器必须较大，一般家庭可选择 20 ~ 30 升大小的容量，如果收集得到装润滑油、地板蜡、饲料的有盖大型塑料桶更好，清洗干净后也可以当作堆肥箱，并不一定要花钱买。家里若有大花盆或麻布袋，可用来盛装半熟的堆肥，等候其自然完熟。

容器越大，桶内升温越快越高，堆肥的完熟速度也会较快。但如果家中空间有限，或是偏爱造型较时尚、较摩登的容器，也可把堆肥箱缩小至 10 升左右，但会面临不易升温、分解较慢的问题。

如果你选择的堆肥法需要翻搅，那么箱子大小要多考虑，以免铲子或圆锹不方便处理到角落。边长大于 30 厘米、小于 1 米，是常见的大小；至于高度要考虑操作者的身高，必须方便手持工具翻搅，以不超过 1 米是较保险的高度。

Point 2》厨余越小越容易分解

厨余当然是切得越细分解越快，但还得考虑时间因素，并尊重个人习惯。台湾大学农艺系教授郑诚汉老师建议，至少将厨余切到 2.5 厘米左右，如果时间允许能改以 1 厘米为标准，

▲ 蚌壳属于较不易分解的厨余，一定要敲碎后再放入堆肥箱。

那样会分解得更快。

若遇到骨头类的厨余,则最好可以敲碎再置入,因骨头分解不易,如果直接投入,虽仍会慢慢分解,但毕竟时间太长,效果要很久后才会看到。有些人喜欢把蛋壳直接倒立摆在盆栽中,虽然并非完全没有效果,但是即使经过半年、一年,蛋壳的养分也不容易分解进入土壤中,外观上也不甚美观,因此最好先敲碎,再置入堆肥箱中。像蚌壳、蟹壳、虾壳也是同样的道理,用铁锤敲碎了再放进去吧!

🌿 Point 3》水分多寡决定发酵环境

如果你不排斥厨余水的味道,或是想将厨余水加工当作液肥使用,那么处理时,只要将厨余稍微沥干后,放入密封式堆肥箱,累积后就能取出厨余水使用。

反之,要是你担心堆肥有味道,请在处理厨余时,尽可能将水分沥干,再置入厨余桶中。建议采用三明治堆叠法,或干脆使用透气式堆肥箱,在第一时间便将液肥问题解决掉。

▲ 厨余水要沥干以防发霉。

透气式堆肥箱,市面上最常见的是组合形式,也可以参考第66页的"塑料通气式堆肥桶DIY",自己动手做。方法非常简单,除了将厨余桶的桶身及底部打上小孔,记得放置厨余的顺序为树叶、厨余、树叶、厨余,每次摆放的数量必须能将下层完全掩盖。若是用三明治堆叠法,则要在放入厨余后,加入土壤、半熟以上的堆肥土,或是活菌土,等下回打开,放入树叶,再放厨余,最后再覆盖土壤。

要提醒大家,厨余的水分如果太多,有氧堆肥可能变成无氧堆肥,甚至发霉哟!

🌿 Point 4》控制温度才能养好肥

一个20~30升的堆肥箱,在夏天时很快就能够分解,通常2~3个星期,厨余便可化为无形,桶内温度为40~50℃,如果在室外受到阳光直射影响,还可能超过60℃。这段期间是堆肥养成的好时光,但不建议让厨余堆

▲ 可将麻布厨余袋置入木箱保温,以加速厨肥形成。

肥箱直接暴晒在太阳下,一是桶身容易氧化损毁,二是厨余在未经分解完成前,过度日晒可能造成变质。

　　冬天因为寒流等因素,使得塑料桶装的厨余堆肥容易流失温度,平均桶温为 20~30℃,因此堆肥形成缓慢。建议改选木质的堆肥箱,或是使用麻布袋,将厨余置入袋中后,再放在木箱中,可大幅提升温度。直接将麻布包覆在木箱外侧亦可。

✿ Point 5》 冬天堆肥完熟速度慢

　　一般夏季,从厨余开始存放到变成堆肥,需要 2~3 个月的时间。采用有氧堆肥的,如果想要速效一些,可以在一个半月左右取出堆肥,以 1∶3 或是 1∶4 的比例掺入泥土拌匀后再使用。若时间有限,又急着使用堆肥时,可以将半成品的堆肥,大约半桶堆肥加半桶水,稍微搅拌、沉淀后,取上面的液体用来施肥,效果也很好,如果担心浓度太高,则可再加水稀释 100 倍后使用,同样能达到施肥的作用。

　　到冬季,堆肥完熟的速度会变慢,大约比夏季多出 1 倍的时间,换言之,需要 4~6 个月。

▲ 沃土栽种下,青菜变得鲜嫩青翠。

厨余先分类,堆肥更有效率

大化小、整化零,快速堆肥的要诀

无论家里是否开伙,总会有一些残羹剩菜、果皮和过期面包,能将这些东西从废物变为有用的堆肥,便是对大地、对环境尽了一份心力。把厨余变成堆肥,是每个人都容易做的事!

小家庭没有太多空间,总希望厨余快速发酵和分解,在家做厨余,秘诀非常简单——把不能堆肥的东西挑出来,把能堆肥的东西切碎。你会发现,经这样挑选加工后,可以事半功倍哟!

🍃 最适合堆肥的五大类材料

不管是吃剩的菜饭,或是水果皮渣,都是做堆肥的好材料,很多家庭只要将以下的各类材料收集起来,就会发现家中垃圾量大大减少。处理时,只要把握切小、剪碎的原则就行了。

生菜

椰子壳

烂水果

1 生厨余:包括菜根、菜叶、芽菜头、香菇脚、竹笋壳、水果皮、甘蔗渣、腐烂的水果、瓜子壳等。以植物类较优,较不易发臭或招引蚊蝇。至于水果种子也可以用来堆肥,堆肥环境的 pH 值从酸性变成趋中性,长达 3~4 个月,不必担心种子在其中发芽。多数水果的果皮都适合做堆肥,不过椰子壳和榴莲壳难以腐化,不要放入堆肥箱。

菜渣　　　　　　　　　　中药渣

2 **熟厨余:**含油、盐、糖的熟食肉类,菜渣,中药渣等。建议将含盐的汤汁倒掉,菜渣略以水冲洗,沥干再放入堆肥箱,若块太大也请先裁切。

饮料

3 **饮料类:**茶叶渣、咖啡渣、豆粕(制作豆浆残渣)、麦茶、菊花茶、牛奶(含奶粉)、果汁等。

饼干

面包

4 **淀粉类:**剩饭、面包、馒头、面条(生熟皆可)、过期饼干、过期面粉等。如体积太大,需先撕或剪成小块。

粽叶

落叶

5 **绿色废弃物:**包括落叶、细枝、枯草、凋谢的花朵等。帮植物疏叶、疏花、疏穗剪下来的花叶,只要没有用药,都可以加入堆肥。粽叶也可回收最好先冲洗去油,沥干后剪成小块,再放入堆肥箱。

分解速度慢的食材

以下材料也会分解，可以做堆肥，但需要较长的时间，因此必须事先做些处理。

1 **小骨头**：鸡骨、鱼骨、小排骨等。请以菜刀或剪刀，将较长的骨头切短，较粗的鸡腿骨不好处理，可用铁锤将骨头敲裂，以便于骨头里的养分被分解。

2 **蚌壳类**：牡、蛤、淡菜、虾壳、蟹壳等海鲜的壳若入窑高温焚烧过，用手就可以捏碎，一般家庭不方便这么做，可用铁锤把贝壳敲成碎片，越小越好。

3 **蛋壳类**：鸡蛋、鸭蛋、鹅蛋的生蛋壳或水煮蛋壳等，用手捏碎即可。不过茶叶蛋因含有较高的盐分，也不易洗净，相对较不合适。

🌿 这些东西请勿做堆肥

以下材料虽然迟早会分解，但在生产的过程中经过化学处理，或是内含病菌、抗生素、药剂等，所以不适合做堆肥。

菜汤

1 **餐桌上的剩菜汤**：菜汤、卤汁、回收油、洗米水等。餐桌上剩下来的菜汤和卤汁，因含有高盐分、高水分，不适合做堆肥；此外，泔水、回收油等，也不该和厨余混在一起。至于煮面水、洗米水很适合用来洗碗，洗菜水可回收浇花、冲马桶，都不应倒入厨余桶内。

布

2 **DIY 手工废料**：木屑、废木材、棉布、毛线、棉纸、包装纸等。上述材料，多半使用了漆类、化学黏剂、漂白剂、荧光物质或油墨，这些污染物不适合放入堆肥箱，否则会跟着堆肥，重新回到污染土地的恶性循环。纸张应做纸类回收，不在厨余之列。

餐巾

宠物粪便

3 厨房或餐桌用具：厨房纸巾、餐巾纸、免洗筷、牙签、塑料袋等都不适合。用过的卫生纸、厨房纸巾和餐巾纸，不可作纸类回收，也不算厨余，请和垃圾一起处理。至于卷筒纸的轴心，请放入纸类回收箱。

4 宠物粪便：猫、狗、兔子等宠物的粪便。家庭宠物如猫、狗、兔子，因为会用药驱虫，或是因病服用药物，它们的粪便不适合做堆肥。至于家禽、家畜的粪便，其中常含有病菌，且饲料中往往含有生长激素，甚至使用抗生素，也不适合做堆肥。

吸汁除臭，堆肥小帮手

　　除了厨余，还有些材料会帮助发酵、吸附汁液和异味、增加透气度，大家可视个人需求，加以应用。

◆ 吸附汁液和异味

1. 培养土、泥土、椰土：当作掩埋厨余的介质，打底时以吸收水分为主。

2. 咖啡渣：咖啡渣吸附异味的功能很强，还能吸收厨余的汁液。

◆ 增加透气度

1. 粗糠：蓬松的粗糠可以增加堆肥的透气度。粗糠若只需少量，可向贩售鸡蛋的传统店家索取，较大量则可向米行、碾米厂购买。

2. 落叶、稻草：使厨余堆较蓬松，同时提供有机质，但仍须适度剪短。

◆ 促进发酵，分解更快速

1. 菌种：市售有液体、土状或块状，其中皆含有帮助分解的菌种。

2. 豆粕、米糠、大豆粉、少量酸奶：有助于活性菌的繁殖。

3. 堆肥：添加已完熟的堆肥，会帮助厨余分解得更快。

Tips：粗糠和米糠不要混淆喔！稻谷脱壳之后变成糙米，脱下来的稻壳就是粗糠；糙米有层薄薄的茶色表皮，若把这层皮脱下就是米糠。在堆肥过程里，两者的作用不同，蓬松的粗糠可增加透气度，米糠却富含维生素和氨基酸，能促进微生物的活性和繁殖。

厨余堆肥工具大集合

只要简单工具,立即展开环保新生活

不用担心做堆肥需要太多工具,目前市面上已有许多专业器具,让你轻松上手做堆肥。只需要一个桶子、一把剪刀,再多一点耐心,就能立即展开环保新生活。

 ## 收集厨余的小帮手

▲ 传统型厨余回收桶,便利性不够周全,容易沾手。

▲ 有排水口的厨余桶属于密封式堆肥专用。
(图片提供/新合发股份有限公司)

厨余桶

传统型厨余回收桶包含了桶子、沥水篮及盖子,容量为 5~15 升,至于社区或学校则有 50~100 升的大型厨余回收桶。市场上也买得到传统型厨余桶,从 3~30 升都有,可上网搜寻。

Tips: 购买时,请留意两点:①放入沥水篮之后,盖子要能密合。②厨余桶不必太大,能放 1~3 天厨余量即可。

▲ 三合一的厨余桶能抑制酸臭味，且有不易沾手
设计，使用上更方便。
（图片提供 / 古今品赏科技股份有限公司）

◆三合一多功能厨余巧帮手

　　这款专利厨余桶在盖子上方开透气孔，运用空气对流原理，平衡桶内桶外的正负压力，使发酵气体从纳米银气体滤净网释出，解决一般厨余桶使用时所产生的恶臭。桶内有滤水网及滴水盘，搭配生技活菌液使用，加上外形美观，已获得国内专利。

◆生技活菌液

　　不喜欢厨余的异味，生技活菌液可帮助除臭、抑菌、灭菌及分解有害菌。在倒入厨余之前，先在厨余桶为四周滤网上均匀喷洒 5~7 毫升，厨余若需放至隔夜，可多喷洒 5~7 毫升再倒入厨余。堆肥过程中覆盖土壤前再喷洒 5~7 毫升，可促使发酵分解。

▲ 生技活菌液可除臭灭菌。
（图片提供 / 古今品赏科技股份有限公司）

◆厨房剪刀、铁锤

　　用来将较大的厨余做成小块。厨房剪刀要能剪断细骨头，至于大骨头和蚌壳类，可以用铁锤敲碎。

▲ 利用铁锤、剪刀将大块厨余制成小块，以利快速发酵。

▲ 厨余粉也是能帮助发酵的好帮手。

▲ 密封式堆肥箱适合无氧发酵的堆肥方法。
（图片提供／新合发股份有限公司）

◆密封式堆肥箱

　　若要做无氧发酵，就需要密封式堆肥箱，也称为密封式厨余桶。很多地区在推广堆肥时，曾发送这类桶子，内容量为 20~35 升。除了上网选购，也可以去农艺器材店等处购买。选购时请注意两点：①上盖要能密合才不会跑出异味。②液肥排水口必须好操作又能密封。

◆麻布袋

　　如果选择采用门田幸代女士发明的麻布袋堆肥法（请阅第 45 页），就会需要用到麻布袋，以麻布材质为优，但不易买到，多以聚乙烯材质来代替。可向传统米店、粮食行、碾米厂洽购，也可找传统五金杂货商店购买。

▲ 利用麻布袋做堆肥，便宜又好用。

◆洒水喷头或浇水壶

　　选择落叶集中堆肥法，因落叶较干，必须视情况浇水。落叶堆的范围若很大，建议准备水管和洒水喷头，否则使用浇水壶就足够了。

▲ 浇水时请注意水量多寡，平常利用浇水壶就够了。

◆铲子或圆锹

选择开放式堆肥法,则需使用铲子或圆锹翻搅堆肥,工具的大小,需考虑堆肥箱的尺寸,以可以轻松翻搅为原则。

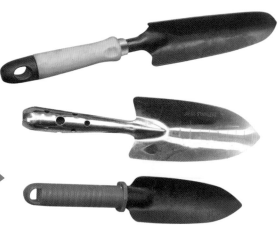

堆肥需要经常翻搅,因此铲子大▶
小需视情况而定。

◆通气式组合堆肥箱

三层的通气式组合堆肥箱,四边是通气网状,附有上下盖,可视需求组合或延伸。搭配椰土和大自然基肥使用,当厨余接近放满时,可将箱子上下翻转,方便取用最早做成的堆肥土。还可当作红蚯蚓饲养箱,进行蚯蚓式堆肥法。

◀通气式堆肥最适合蚯蚓式的堆肥法使用。
(图片提供 / 育材模型股份有限公司)

◆红蚯蚓

可在水沟旁的潮湿土壤里挖掘红蚯蚓,或是向蚯蚓繁殖场购买。如果只需要少量,也可向钓具店洽购。

◀红蚯蚓是翻土的最佳小帮手。

如何判断堆肥成熟

感官检测法 vs.试纸测试法

堆肥是活的——有生命的堆肥,自有其步调。

就像人的生命有各阶段进程,厨余变堆肥也是一样,会历经中温期、高温期、冷却期、完熟期,每个阶段环环相扣,成为下阶段成功的基础,所以做厨余堆肥也要有照顾孩子的心情,给它时间慢慢成熟,即使借助外力提高它完熟的速度,也应适度,才不会拔苗助长。

随着厨余材料的不同、堆肥法的不同、季节和气温的不同,堆肥完熟的时间未必相同,只能总结出一个基本规律,"是否够熟"还是要靠经验判断。以下是几种判断堆肥完熟与否的线索。

 试纸检测法

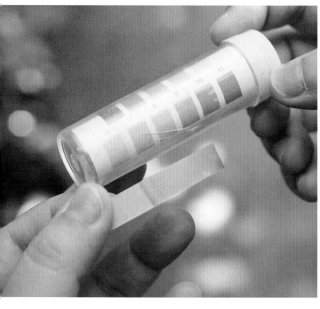

1 **无氧堆肥 pH 值为 6:**以无氧发酵做出来的密封式堆肥法,完熟堆肥会呈微酸性,pH 值在 6 左右。

2 **有氧堆肥 pH 值为 7:**以有氧发酵做出来的开放式堆肥法及其他堆肥法,完熟堆肥应呈中性,pH 值在 7 左右。

 感官检测法

厨余不会说话,也不能让我们吃吃看,所以听觉和味觉是帮不上忙了;不过,视觉、触觉、嗅觉都是可以派上用场的。

视觉线索

1 呈现深褐色：完熟的厨余堆肥，颜色看起来像高纯度的巧克力，深褐色甚至带点黑色，尽管也许还夹杂着极少数的"顽固分子"尚未完全分解，例如蚌壳、骨头等。

2 土质松软：若从土壤的模样来观察，呈现松软土质，不会看见整球的硬块，而且看起来不会太干燥。

3 有蚯蚓粪便：如果是蚯蚓堆肥，会看见团粒状的蚯蚓粪。

触觉线索

1 具有湿气：用手去抓完熟的堆肥，可感受到一点点湿气，但用力握的时候，又不至于会滴出水来。

2 疏松不黏稠：抓土壤时会觉得松软，握在手心并不会觉得堆肥土被捏成一块，放开后堆肥土仍然疏松。

嗅觉线索

具土壤气味：完熟的堆肥土已经没有厨余的味道，会脱胎换骨，变成大地的气味。

Part 2

超好做的居家堆肥法

谁说堆肥无趣又单调？
有氧、无氧；室内、室外；
适合居家又方便处理的七种堆肥法。

密封式堆肥法

【需请菌种帮忙除臭,最适合一般家庭】

【密封式堆肥法】

◆**类型**:无氧堆肥

◆**内容**:生厨余、熟厨余、落叶

◆**空间**:须在户外操作,如阳台、露台、庭院、楼顶

◆**注意事项**:

1. 平时要将厨余桶盖紧。
2. 放入厨余时有异味,动作请迅速。
3. 加入菌种帮助除异味。
4. 每隔 2~3 天须排出水分。

很多人做过厨余堆肥,都被它的气味吓坏,而打了退堂鼓,其中九成以上是因为选择了密封式堆肥法,却不知道它的方法要点。

密封式堆肥法是本书介绍的堆肥法中,唯一使用无氧发酵的堆肥法,它的堆肥期很漫长,要 4~6 个月才会完熟。有人纳闷:既然密封式堆肥法味道这么重、速度这么慢,为何还要介绍它呢?原因就在于,它是非常方便的一种堆肥方式,而且操作方法非常简单。

厨余桶搭配堆肥箱,轻松做好环保

传统的厨余桶,虽然尺寸不一,但几乎都是一个带盖的塑料桶,外加一个网状沥水篮。每天,只要把厨余丢进篮子里,水分自动沥干之后,将这些厨余收集起来,每隔 1~2 天放入密封式堆肥箱就行了。

不过,传统的厨余桶造型千篇一律,倾倒时容易沾手,这是使用者普遍的困扰,于是市面上陆续有厂商开发出新产品,造型新颖、使用时不沾手,甚至利用纳米科技,减少打开盖子时厨余散发出来的

▲ 有排水出口,代表会产生液肥,这就是用来做密封式堆肥法的箱子。

异味。

　　厨余桶还需搭配 1~2 只密封式堆肥箱，在园艺器材店、花市都能买得到，价格因产地、尺寸、材质而异，但它们的共同特征包括：都是方便清洗的塑料材质，内部底层都有个滤网，都有排水孔方便收集液肥，上盖都特别紧密。

🍃 发酵速度慢，需请菌种帮忙

　　密封式堆肥法因为是无氧发酵，不容易长虫，但最大的问题是气味；而且它的发酵速度很慢，所以需要添加菌种，既可促进发酵速度，又可降低臭味。

　　市面上贩售的菌种土有很多种，也有菌种活性液，大家可视需要购买。如果手边的菌种刚好用完，又不方便立即采购时，不妨将收集到的液肥，倒一些进堆肥箱，其中含有丰富的活菌数，可以帮助分解厨余。

🍃 密封式堆肥法 Step by step！

Step 1

▶ 收集厨余

收集厨余，尽量沥干。如有较大面积的厨余，请先剪成小块，有助于缩短发酵时间。

Step 2

▶ 放置堆肥箱滤网

打开堆肥箱，在底部放好滤网。

Step 3

▶ 放入粗糠

先倒入一层粗糠，可帮助吸收水分。

Step 4

➤ 放入豆粕

放入豆粕或米糠，只需少量。

Step 5

➤ 放入厨余

放入厨余，尽量均匀地平铺3~5厘米深。

Tips：以四口之家为例，大约2天倒1次厨余就行了。厨余量若太多，请分层处理。

Step 6

➤ 撒上菌种

放入菌种加速发酵，并减少异味。

Step 7

➤ 让厨余密实

用手掌将厨余压紧。

Step 8

➤ 撒上咖啡渣

放入茶叶渣、咖啡渣、茶子粉等容易吸附味道的东西，减少异味。

Tips：如果家里没有人喝咖啡，可以去咖啡厅索取免费的咖啡渣。家里喝茶泡过的茶叶晒干可备用，也可去红茶店、茶艺馆索取泡过的茶叶。

Step 9

▶ **将厨余完全覆盖**

再覆盖一层粗糠或培养土，直到看不到厨余。

Step 10

▶ **制作完成**

用手掌压紧即完成,完成后记得将盖子盖紧。

Tips：密封式堆肥箱会有液肥产生,制作好之后不应放置在地上,应放在架子或椅子上,距离地面至少要有一个塑料瓶的高度,才方便之后收集液肥。

Step 11

▶ **收集液肥**

7 天后，请用塑料空瓶从箱子出水口收集液肥；之后每隔 3 天收集 1 次。

Tips：新鲜的液肥应该是橘子汁的颜色,带点香甜的气味,如果颜色太深或味道刺鼻，表示液肥不够新鲜，应该再提前收集。

Step 12

　　堆肥箱满了以后，静置 3~4 个星期，将半熟的堆肥土倒进木箱、杉木桶或大型花盆，再放置一个半月，其间每周去翻搅 1~2 次，加盖但不盖紧，你会发现未分解的东西越来越少。

Tips：半熟堆肥土倒进木箱时,若感觉非常潮湿,可再倒入粗糠拌匀,调整水分,等堆肥土自然完熟。

母子式堆肥法

　　母子式堆肥法又称"母子式厨余垃圾有机堆肥处理法"，它和密封式堆肥法很接近,收集厨余、尽量沥干的环节在子桶中进行,放置堆肥、等待发酵是在母桶中进行,但增加了事先在母桶内喷洒微生物菌的步骤,堆肥土完熟后也要置于太阳下晒 3~4 天。

开放式堆肥法

只要避开淋雨就会成功

【开放式堆肥法】

◆**类型**：有氧堆肥

◆**内容**：植物性厨余、落叶为主

◆**空间**：庭院最佳，阳台、露台、楼顶亦可

◆**注意事项**：

1. 必须克服遮雨问题。
2. 每隔 3 天必须翻搅。
3. 请事先预防宠物捣蛋和蚊蝇问题。

开放式堆肥法非常容易执行，只要秉持"不淋到雨""定期翻搅"两个原则，几乎都会成功。

因为完全开放，气味反而很淡，不会令人难以接受，请选在通风的地方设置堆肥箱。堆肥内容以植物性厨余为主，还可加入绿色废弃物（落叶、细枝、枯草、凋谢的花朵等）；若加入动物性厨余也会发酵分解，但因异味较重，较不容易被接受。

庭院是开放式堆肥的最佳场所

传统的厨余桶，虽然尺寸不一，但几乎都是一个带盖的塑料桶，外加一个网状沥水篮。每天，只要把厨余丢进篮子里，水分自动沥干之后，将这些厨余收集起来，每隔 1~2 天放入密封式堆肥箱就行了。

不过，传统的厨余桶造型千篇一律，倾倒时容易沾手，这是使用者普遍的困扰，于是市面上陆续有厂商开发出新产品，诉求造型新颖、使用时不沾手，甚至利用纳米科技，减少打开盖子时厨余散发出来的异味。

如果住家有院子，这是做开放式堆肥的最理想条件，以下是常见的 3 种做法。

1 **自然堆积法**：可将落叶、枯枝、落花等扫成一堆，加入植物性厨余，任其自然堆积；可加入一些半熟或完熟的堆肥土，或是加入些菌种，然后翻搅均匀。

2 **区域培育法**：可开辟一个固定角落，四周以木板围起来，或是在周围插4根木桩，用网子环绕四周成一个区域。下层先堆一些落叶或粗糠，再放入厨余，之后再加入菌种或培养土，然后翻搅均匀。

3 **木箱堆积法**：可找个坚固的大木箱(有缝更好)或大花盆，后续做法同第2项。如果堆积处地势较低洼，很容易积水，不妨找块木栈板或较厚的木板垫底，在上堆肥，或是用砖头、空心砖把堆肥容器架高。

🍃 没有庭院可以这样做

如果你家没有庭院，但有阳台或露台，照样可以施行开放式堆肥法，不过，为了方便清理，建议以"木箱堆积法"的大木箱或大花盆来进行。但要注意经常检查阳台或露台的排水孔，避免翻搅时堆肥土掉出容器而堵塞排水孔。

住在公寓的朋友，若能征得住户们同意，楼顶天台是做开放式堆肥的好地点，做法同样以"木箱堆积法"较为合适。有些社区大楼因管委会的推动，在中庭花园择一处角落实施开放式堆肥，得到的有机堆肥土再用于社区的绿美化，这真的是很棒的举措。

🍃 制作遮雨盖，克服下雨问题

开放式堆肥法必须克服遮雨问题。如果堆肥处上方有遮雨篷是最棒的，不然可收集废材，搭配螺丝钉，动手做一个木盖，或去木材加工厂切割出比堆肥箱长宽面积略大的木板当遮雨盖。若是自然堆积，四边没有外围容器，遇上大雨或台风时，必须加盖防水布，再以较重的砖块或石头固定。

平时，请把盖子打开，让堆肥充分地接触空气，并且每隔3天去翻搅一下，把各死角的堆肥都翻动，遇到下雨天则将遮盖物覆上。如果家有宠物，最好养成盖上细纱网的习惯。

▶ 平日可打开盖子，等到下雨再盖上。

Tips：郑诚汉老师提醒，翻搅时可帮助较外围的厨余、落叶被包埋至堆肥的内部，促进这些有机质分解。

箱子高度应考虑使用者身高

开放式堆肥箱该多大呢？这没有标准，可视空间和厨余量做自由调整。不过箱子的高度要考虑使用者的身高，不宜太深。以成年人来说，箱子超过 100 厘米便很难翻搅或取用堆肥，但太小则发酵温度不易升高。如果空间够大，箱子的长、宽、高各 1 米左右，是较适合使用圆锹或铲子翻搅的尺寸。

基本上，体积越大，容量越多，发酵温度越高，完熟速度也越快，也比较方便以圆锹或铲子翻搅。然而堆肥体积过大也有缺点，容易出现翻搅不匀的问题，一不小心会变成无氧发酵。

落叶集中堆肥法

直接在土地上做堆肥

【落叶集中堆肥法】

◆**类型**：有氧堆肥

◆**内容**：落叶、枯枝、花朵、稻草、杂草

◆**空间**：庭院

◆**注意事项**：

1. 要有足够空间。

2. 可添加高氮物加速发酵。

▲ 堆到庭院的一角，就能实现落叶集中堆肥法。

落叶集中堆肥法是很自然的方法，古代农民已经懂得将田里的废弃物堆在一起，任其化为黑土，再用它来肥沃土壤。

落叶集中堆肥法和开放式堆肥法好像很类似，两者都是开放式的有氧堆肥。不过，落叶集中堆肥法使用的是枯枝、树叶、杂草等，不放入厨余，它需要较大的空间，等待熟成的时间也更久，除非有宽敞的庭院，否则建议以开放式堆肥法做居家堆肥比较理想。

因碳多氮少，发酵速度慢

落叶集中堆肥法所做出来的堆肥，是改良土壤的好材料，做起来很简单，只要把枯叶、杂草等直接搁在土地上，就能开始进行堆肥，也可以使用大型木箱来制作，非常适合社区、校园一起动员。

自然界的各种有机质，自有其不同比例的碳元素和氮元素，对微生物来说，碳元素提供了能源，氮元素则促成了代谢。刚开始堆肥时，理想的碳氮比值最好为 25~30，这时堆肥是酸性的；经堆积发酵后，比值应逐渐下降，达到 15~20，这时堆肥会呈现微酸接近中性，pH 值为 6~7。

由于稻草的碳氮比值约为 34，落叶约为 60，稻壳约为 77，都是碳多氮少的物质，在这样的堆

稻草属于高碳低氮的有机物。▶

肥里,微生物不容易繁殖,发酵的速度极慢,堆肥的完熟需等待 3~5 个月。若想加快发酵的速度,可添加氮多碳少的天然物质,例如米糠、豆粕、花生粕、玉米粉等,状况就能改善。

虽然尿液、禽畜粪也是高氮物质,但不建议放进落叶堆肥中,一是它们的气味不佳,二是可能含有药物、生长激素等污染物,所以请避免使用。

Tips: 基本上,只要记住"高纤高碳低氮"的原则,就可大致判断堆肥材料的碳氮多寡。

🍃 水分过少,也不利于发酵

几乎每种厨余堆肥法都强调要将水分沥干,然而发酵作用若全无水分,也是不行的。如果你发现落叶以干枯的居多,就有必要洒一点点水分,在夏季特别闷热干燥的时候,也需要稍微浇水。

至于水量多寡,以抓一把覆盖的泥土,必须有水气但滴不出水为原则。请不要一口气大量浇水,任其慢慢蒸发,那会破坏堆肥环境,变成厌氧发酵,产生臭味。

三明治堆法，一层层叠高

形象地说，落叶堆肥会以三明治堆法来进行。

Step 1 ▶ 铺落叶

在土地上均匀铺一层 5 厘米厚的落叶。若以木箱进行堆肥，木箱底下请先铺 5 厘米厚的泥土。

Step 2 ▶ 撒菌种土

均匀撒上一层豆粕或菌种土，薄薄 1~2 厘米即可，也可以半熟成的堆肥土来替代。

Step 3 ▶ 盖土

再覆盖一层约 5 厘米厚的泥土。若要继续堆放落叶，请重复步骤 1~3。

Tips： 如果使用高度较大的塑料容器来做落叶集中堆肥法，又担心底部不稳容易翻倒，可将桶子底部埋入土壤内 10 厘米再开始做堆肥。

需要准备盖子或防水布

落叶集中堆肥法究竟要不要加盖呢？答案是最好准备盖子，风大、雨大、阳光强烈时就可以派上用场。

有些地区风势较大，落叶或泥土会被吹得四处都是，反而造成环境脏乱；而雨水冲刷，会破坏箱内的发酵环境；阳光过强，堆肥中的水分蒸发太快，也不利于发酵。

为了遮挡暴晒，建议买一大张细密的黑色纱网覆盖。若为了挡风遮雨，使用木箱或大花盆堆叠落叶的话，可使用大型木板当作盖子；若是自然堆叠，请准备一大块防水布用防水布盖住落叶堆，再用砖块压住即可。

通气式堆肥法

在顶楼和阳台做最适合

如果无户外空间，通气式堆肥是很理想的居家堆肥法，它属于有氧发酵，气味不重，虽然透气却适度地加盖保护，不像开放式堆肥法那样容易被宠物翻搅又较占空间，且比起密封式堆肥法的制作过程气味较不刺鼻。

通气式堆肥法的特色是气味散逸，比较不臭，它也是我们唯一推荐可以在室内做的堆肥法。在第 66 页"塑料通气式堆肥箱 DIY"里，有清楚的制作步骤，有兴趣的读者也可以亲自打造这样的堆肥箱。

伸缩自如的聪明堆肥箱

每个家庭的厨余量不同，可使用的环境也不一样。有没有一种堆肥箱可以缩小、变大自如，同时还透气、不臭、不生水？源于这个想法，育材模型的蒋荣利老师发明了通气式组合堆肥箱。

通气式组合堆肥箱的前身是通气式种植箱，这种犹如积木般，可调整大小、造型和高度的种植箱，让蒋荣利老师荣获了 1995 年发明创作金牌奖。一个偶然机会，蒋荣利老师得知欧美人士做居家堆肥，都采用通气式堆肥箱，贴心的产品还设计成可以翻转，方便使用者较早取得做好的堆肥。朋友满心羡慕地告诉他，那种堆肥箱真好用，不过从外国进口，连同运费要花上万元。

蒋荣利老师心想："这么贵，就算进口也很难普及，偏偏做堆肥又是环保的趋势……"脑筋转得快的他，想起自己的专利发明种植箱也有透气的功能，干脆把设计稍作调整，四边网状可以通气、上下有盖可以翻转，还附带组合的妙用，让堆肥箱可随需要"长高"或"变矮"，整组用具包含椰砖和大自然基肥，几百元就搞定了。

1000 千克的厨余，可制成 50 千克的堆肥

通气式堆肥虽然味道不重，只有淡淡的酸味，但在厨余刚倒入的瞬间，还是有些气味，所以不建议在屋内处理。依蒋老师的建议，最好将堆肥箱放置在 3~7 平方米大的阳台、露台、通风的小

通气式组合堆肥箱内容

组合通气箱 3 层

椰砖 1 块

大自然基肥 1 包

▲ 通气式堆肥箱组合后的全貌。

院子或楼顶。因为上下有盖子,堆肥箱不怕淋雨;由于材料中添加了抗紫外线安定剂,也不必担心长时间日晒变形。

通气式组合堆肥箱的长、宽分别是 45 厘米和 30 厘米,至于高度,单层连脚是 25 厘米,3 层组合后是 56 厘米;年纪大或不适合弯腰的人,还可以添购 4 只脚架,把高度升高,等到装满厨余时,把脚架拆下来再翻转就行了。如果你家有现成的箱子,也可以亲自改造。只要侧面可透气(但厨余不能掉出来)、上下皆可掀盖(若只有上盖就无法翻转)即可,也可以自己 DIY,设计成适合自家的厨余堆肥箱。

由于依序分层倒入厨余,一般下层的厨余会先慢慢腐化变成堆肥。在这个过程里,前后陆续投入总量为 1 000 千克的厨余,最后做出来的堆肥大约只有 50 千克,而这正是通气式组合堆肥箱可以容纳的量。

有的家庭因为人口众多,想把堆肥箱组装成 5~6 层,蒋老师说:"技术上绝对没问题,堆肥箱也耐得住这样的重量,不过装满之后要翻转过来取用堆肥,箱内重量太大,一般人可能会搬不动。"有这种大需求的家庭,最好以多组堆肥箱来操作。

通气式堆肥法 Step by step

示范／育材模型公司负责人　蒋荣利老师

Step 1 ➤ **浸泡椰砖**

撕开塑料膜，将椰砖泡入水盆中，水量为脸盆的 1/3~1/2。

Step 2 ➤ **移盆**

隔 20 分钟后，椰砖膨胀成松软的椰土，将其捞至另一只空盆中；其中若有少许块土状，可用手捏碎。

Tips： 如果你家有足够的空间，可将椰土置于太阳底下暴晒，那是最理想的做法，建议用半盆的水来泡椰砖。如果遇到雨季，或实在找不出空间，只能阴干，水量则减为 1/3 盆。

Step 3 ➤ **组装堆肥箱**

将通气式组合堆肥箱组装，可一口气完成 3 层组装，也可先组装 1 层，等堆肥装满后再加高。（为方便摄影，仅组装 1 层做示范。）

Step 4 ➤ **放入椰土**

将椰土放入堆肥箱底部，理想厚度约 5 厘米。

Tips： 椰土的功能是吸收厨余发酵过程产生出来的水分，如果没有椰土，可改用培养土、种过植物的泥土、落叶等来替代。

Step 5 ▶ 厨余剪小块

利用剪刀将厨余剪小一点,理想的大小边长 1~2 厘米,剪得越小,制成堆肥的速度越快。

Step 6 ▶ 铺上厨余

将厨余倒进堆肥箱中铺平,再以重物压紧。

Step 7 ▶ 撒上基肥

撒上大自然基肥,均匀覆盖住厨余即可。

Tips : 大自然基肥含生物性堆肥菌种,作用是降低厨余的异味,还能吸收水分,加速厨余分解,并预防蛆虫产生。如果没有这项东西,可改用菌种土。

Step 8 ▶ 撒上椰土

再撒上椰土,厚度 2~3 厘米,务必将厨余和基肥完全覆盖,覆盖完成后再将上盖盖紧。

Step 9 ▶ 重复堆放厨余

经过 3 天后，要放入新厨余时，打开上盖，重复步骤 5~9 的动作。

Tips： 以每天开伙的四口之家为例，3 天倒一次厨余，大概 9 天会放满一层，此时建议将第 2、第 3 层组装上去。厨余发酵的过程，也会慢慢缩下去，以第一批放入的厨余为例，大约 3 周后会缩掉一半，6 周后又会再减半，所以可以不断地加入，大约 3 个月左右，堆肥箱会达到满载。

Step 10 ▶ 翻转厨余

把厨余箱翻转过来，底部朝上，让 3~4 个月前最早制作的堆肥在上方。

▲ 开盖时，下盖因组合紧密，加上重量的作用，所以不易打开，请用剪刀小心撬开。

Step 11 ▶ 完成

看！黑色肥沃的泥土，这就是我们辛苦得来的堆肥，也是植物的营养土喔！

厨余堆肥小教室

◆缩短堆肥时间的小窍门

每个家庭的厨余内容不同,堆肥发酵的进度自然不太相同,所谓 3~4 个月只不过是平均值,还会因季节、气温有所差异,有些时候甚至需要 5~6 个月。不过,栽种植物经常有时效性,好比花期即将来临、果树马上要结果了,或是蔬菜该施肥了,有时出现急需使用堆肥的情况,这该怎么办呢? 蒋荣利老师和我们分享他的"小窍门"。

①放入芽菜头:把剪过的芽菜头(小麦草或豌豆苗的根部),放入厨余中一起做堆肥。

②放入豆粕:放入豆粕(黄豆打碎沥干),也会加速堆肥的发酵。

③果汁机打碎:把厨余切得较细,或是用果汁机打碎,再放入堆肥箱中,也会分解得比较快。

◆黑黝黝的堆肥可以这样用

通气式堆肥法,一般厨余经过 3~4 个月,就成为黑黝黝的堆肥,这是很珍贵的园艺用土,我们可以这样用:

①当作肥料:撒在植物的表土当作肥料使用,但要注意分量,以盆栽为例,添加 1/5~1/3 盆的堆肥土,就可以不必另外施肥。

②当作种植土:把堆肥和其他介质(土壤)以 1:3 的比例充分混合,就可以当培养土,直接种植。

③改善社区环境:送给邻近的学校,供校方美化校园使用;询问社区的管理委员会,供绿化社区使用;转送给公园管理单位,改善公园土壤。

④蚯蚓式堆肥:用做好的堆肥土来饲养红蚯蚓,再收集蚯蚓粪,所得到的蚯蚓式堆肥,更具有改良土壤的功能,养分也更加均衡。

麻布袋堆肥法

快速完成又少异味

【麻布袋堆肥法】

◆ **类型**：有氧堆肥

◆ **内容**：生厨余、熟厨余、落叶

◆ **空间**：阳台、庭院的遮雨棚下

◆ **注意事项**：

1. 千万不可淋雨。

2. 请预防宠物、老鼠咬噬。

麻布袋堆肥法是日本门田幸代女士研发出来的堆肥方法，做法和开放式堆肥法很相似，只不过把装厨余的容器变成麻布袋。

装入厨余后，要把布袋口稍加扭转，气味才不容易散发出来，所以无论生熟厨余、动物性或植物性厨余、落叶等，通通可以放进袋子里。

用麻布袋做堆肥，省钱做环保

门田女士认为，麻布袋堆肥法的两大功臣是麻布袋和米糠。麻布袋上的透气孔可提供氧气，而且堆肥完熟之后，很方便暂时存放。米糠是微生物的"最爱"，会提供充足的碳、氮元素，让它们快速繁衍，加速堆肥的进程。

麻布袋和米糠不是一般家庭里现有的东西，但只要跑一趟传统米店、杂粮店或碾米厂就可以买到。请告诉店家要买可以装下 30 千克白米的麻布袋回去做堆肥，友善的店家多半愿意割爱；到传统五金杂货商店也可以买到。至于米糠，有的碾米厂会要求整袋贩售，价钱也不很贵，如果向杂粮店、钓具店洽购，较容易达成少量购买的要求。

▲ 麻布袋的透气特质，可提供微生物有氧的环境。

麻布袋不宜装超过一半

麻布袋，若是真正麻布材质最好，但这种袋子已经很少见了，市面上卖的和门田女士用的，多是聚乙烯材质，上面拥有透气孔。使用前，请先检查麻布袋是否完好，不能有破洞。

使用麻布袋堆肥法，可天天打开来放入厨余，然后顺便翻搅。麻布袋的容量虽大，却只能放到半满，因为得预留扭转袋口的空间，也不要挤得太扎实，才能确保充分的空气及厨余有发酵的空间。

从最后一次倒入厨余开始计算，夏季大约经过1个月，冬季大约经过1个半月，堆肥就达半熟，可倒出来放入容器，再静置1个月就完熟了。麻布袋可以重复使用，请不要丢弃。

▲ 因为袋口要预留扭转的长度，所以麻布袋不宜装超过一半。

Tips：制作过程担心宠物或老鼠来咬麻布袋吗？可用笼子或箱子罩住麻布袋，前提是保持透气。若担心吸引蚊蝇聚集，可购买竹醋液，加水稀释50倍后，装入喷瓶中，薄薄地喷于麻布袋上，蚊蝇就不喜欢靠近了。

▲ 在麻布袋上喷竹醋液可隔绝蚊蝇。

麻布袋堆肥法 Step by step！

Step 1 ▶ 放入落叶

打开麻布袋，在袋内底部装入少量的活菌土或落叶。

Step 2 ▶ 放入厨余

较大体积的厨余，请事先剪为1厘米左右。

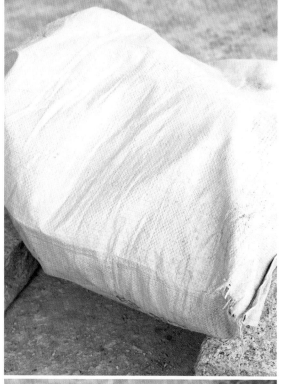

Step 3 ➤ 撒入米糠

均匀地撒上薄薄的米糠,或以豆粕取代。

Step 4 ➤ 放入堆肥土

放入少量完熟的堆肥土或粗糠。

Step 5 ➤ 均匀搅拌

均匀搅拌和摇晃,小心不要戳破袋子。

Step 6 ➤ 扭紧袋口

将袋口旋转扭紧,平放在砖头或板凳上,底部最好悬空透气。下回再放入厨余时,请重复步骤 2~6。

Tips: 尖锐的骨头会将麻布袋戳破,因此不建议放进袋内。

麻布袋底部必须悬空透气,可平放两块砖头以上,或是利用两▶个板凳脚放置。

蚯蚓式堆肥法

小蚯蚓,改良土壤的大功臣

蚯蚓式堆肥法,不是把蚯蚓变成堆肥,而是用厨余做堆肥时,在特定的时间放入蚯蚓,让这群小动物加入我们的"堆肥工程"。小小的蚯蚓,每天会吃下和自己身体一样重的厨余堆肥,之后排遗的粪便,就是世界上最棒的肥料。想替改良土壤品质多尽一份心吗? 做蚯蚓堆肥是很不错的点子喔!

蚯蚓是地球上最有价值的动物

◀ 蚯蚓,素来有大地耕耘者的美称。

请不要小看蚯蚓,达尔文曾经赞美它是地球上最有价值的动物哟! 蚯蚓的排遗物(粪便)会让土壤肥沃,蚯蚓在土壤里钻动,会让土质变得疏松透气。美国很崇尚蚯蚓式堆肥法,借由蚯蚓的特质,来改良消耗过度、受到污染的土壤。

进行蚯蚓式堆肥时,红蚯蚓是最理想的选择。红蚯蚓又叫古巴蚯蚓,它可以调节土壤的酸碱度,排遗物的营养成分很高,用这种堆肥栽种的植物,长得特别健康,虫害特别少。

前述的通气式组合堆肥箱,也可以延伸来饲养红蚯蚓。刚倒入厨余时,请不要马上把蚯蚓放进去,因为这时箱内的含水量太高,酸性也太强,不适合蚯蚓生存。蒋荣利老师建议,等厨余倒入至少 1 个月以后(寒冬低温可延至 2 个月),已逐渐发酵变成堆肥土时再放入红蚯蚓,这样成功的概率非常高。

🍃 给予红蚯蚓喜欢吃的厨余

红蚯蚓是我们养在堆肥箱里的小宠物,它对温度的要求不高,5~35℃都能存活,但天性喜欢潮湿,以湿度60%~80%为宜。每天每只蚯蚓要吃掉和体重相当的厨余,然后排出大约一半的蚯蚓粪,够可观吧!如果饲养得当,大约1年,1千克的红蚯蚓便繁殖成3千克。

红蚯蚓专吃腐烂的有机质,想成功施行蚯蚓式堆肥,提供的厨余必须符合以下的要求:

1 **去盐、去油**:红蚯蚓虽然能接受潮湿,但并不适合泡在水里,所以湿漉漉的厨余最好先沥干,且以不含油、盐的生厨余为佳,大家不妨先把熟厨余冲洗过,沥干以后再和生厨余一起收集。在厨余中,果皮、面包、豆渣、米糠等,都是蚯蚓很喜欢的食物。

> **蚯蚓害怕的厨余**
> ① 强酸或强碱的环境。
> ② 防腐剂、农药、有毒物质。
> ③ 高盐、高油的厨余。
> ④ 过度潮湿或过度干燥。
> ⑤ 强光、通气不佳。

2 **无毒、不含防腐剂**:蚯蚓的食物就是厨余堆肥,但它很怕防腐剂和农药,所以在堆叠厨余的过程里,请留意这一点,有些人习惯倒入培养土来代替椰土,但请记得选购不含防腐剂的土壤,才不会影响蚯蚓的健康。

3 **切成小块**:请事先将厨余剪成1厘米大小,这样分解得更快,或是用果汁机打碎,再放入堆肥箱里,这也是不错的方法。把少量厨余倒入有红蚯蚓的堆肥箱时,只需大致铺平,不要用力挤压,这样红蚯蚓觅食会更便利。如果顺利养出又长又粗的蚯蚓,就能更快速得到理想的蚯蚓肥了。

🍃 蚯蚓粪是很好的肥料

蚯蚓粪富含氮、磷、钾、碳、钙、镁等营养素,以其堆积1个月后的营养成分和牛粪的相比,除了钾略少之外,其他都超越了牛粪堆肥。最受欢迎的是,堆肥箱里放进红蚯蚓后,因蚯蚓体内的菌类会分解厨余,使堆肥箱内不易生蛆、发霉,也不易散发臭味。

施行蚯蚓式堆肥2个月后,便会做出很棒的有机肥料。有些专家会鼓励大家把蚯蚓粪挑拣出来(团粒状,很容易辨识),有时间的人可以量

▲ 颗粒状的蚯蚓粪。

力而为。事实上，夹杂着蚯蚓粪的堆肥可以直接以勺子取出，当作肥料使用，只要拿着手电筒照射，红蚯蚓就会往底下钻，我们就趁机挖取上方的堆肥拿出来使用（夹杂着一两只蚯蚓也没关系），钻到底层的红蚯蚓会留在箱子中继续奋斗。

厨余堆肥小教室

◆ 红蚯蚓哪里来？

① 自己挖：蚯蚓不是挖不到，但你挖到的未必是红蚯蚓，如果你坚持亲手挖，请找水沟旁的潮湿土壤，成功的概率较高。

② 上网购买：目前，上网以关键字"蚯蚓繁殖"搜索，就可以找到多家蚯蚓繁殖场，要购买并不困难，售价也不是很贵。一般 500 克包含 1 800~2 000 只，而 3 层通气箱至少需要 300 克的红蚯蚓。若厨余较多，想加快堆肥制造速度，增加 1 倍也行。如果你要网购，卖家会要求购买一个数量，可与其商量减少买量但自付运费，也可合购。

③ 向钓具行购买：钓具店也有贩售红蚯蚓，不过单价会高一些。

🍃 蚯蚓式堆肥 Step by step！

示范／育材模型公司负责人　蒋荣利老师

Step 1　➤放入红蚯蚓

第一次饲养，若使用 1 层饲养箱，请取半箱以上已发酵 1~2 个月的堆肥土，把上盖打开，放入至少 100 克（300~400 只）的红蚯蚓。

Tips：饲养箱的层数若较多，红蚯蚓的数量请自行增加。

Step 2 ▶ 在左侧倒入厨余

在堆肥较少的左侧倒入厨余，从右侧拨些土覆盖左侧，再加一些大自然基肥和椰土，以覆盖住堆肥为原则，但不紧压，然后把盖子盖上。

Step 3 ▶ 铺落叶

3天后，重复步骤2，但换在右侧倒厨余，从左侧拨些土覆盖右侧，再加些大自然基肥和椰土，以覆盖住堆肥为原则，但不紧压，然后把盖子盖上。

Step 4 ▶ 繁殖

不断重复步骤2、3后，红蚯蚓就会繁殖，不需再购买。

厨余堆肥小教室

◆厨余的摆放位置

蒋荣利老师建议,每隔 3 天喂食蚯蚓 1 次。第一次要放入发酵完成的堆肥土(半箱以上),之后视厨余量少量逐次加入堆肥箱,每次倒入厨余的位置最好轮替,以利于持续发酵和分解。

1 厨余分量小:每次厨余分量约 1 小碗的家庭,可选择堆肥箱的 4 个角落和中央,轮流挖洞埋入厨余。

2 厨余分量中等:每次厨余分量约 3 小碗的家庭,可选择堆肥箱的左、中、右 3 处,轮流挖洞埋入厨余。

3 厨余分量大:每次厨余分量约 5 小碗的家庭,可选择堆肥箱的左右 2 处,轮流挖洞埋入厨余。

◆蚯蚓堆肥怎么用?

经过通气式堆肥法,一般厨余经过 1 个月,再放入红蚯蚓饲养 1~2 个月,就成为饱含蚯蚓粪的蚯蚓堆肥,对于植物来说,这是最上等的土壤,我们可以这样用:

① 当作肥料:取出来的蚯蚓堆肥,可以当作肥料使用,以直径 25 厘米的花盆为例,在泥土中加入 1 小匙,可以 2 个月不施肥;若是 3 平方米的耕作面积,1 个月使用 1 千克堆肥,就不需要另外施肥了。

② 当作种植土:把蚯蚓堆肥和其他介质(土壤)以 1:3 的比例充分混合,就可以当培养土,直接种植。

③ 当作防虫液:把蚯蚓堆肥加 10 倍的水稀释成液体,喷洒在菜叶、植物的叶片或根部,植物会长得很茂密,可以减少虫害。

④ 当作土壤改良剂:在还未种植或休耕的土地,将蚯蚓堆肥埋入土中,同时放入一些蚯蚓,让土地被自然修复,也能改善土地酸化的问题。

伯卡西有机堆肥法

快速发酵的高氮追肥

【伯卡西有机堆肥法】

◆ **类型**：有氧堆肥

◆ **内容**：米糠、豆粕、黄豆粉、咖啡渣、鱼肚、骨粉、鱼粉

◆ **空间**：阳台、露台、庭院、楼顶

◆ **注意事项**：

1. 必须放入高氮的材料。
2. 必须持续翻搅。
3. 可用米糠和豆粕来调整湿度。

伯卡西（Bokashi）是一种高氮肥料，可以通过堆肥快速发酵取得，常用在蔬菜、水果的追肥上。

伯卡西有机堆肥法，就是以快速发酵出伯卡西肥为前提的堆肥方式。需要特别提醒的是：伯卡西肥虽然有营养，却不宜使用过量。

伯卡西有机堆肥法 Step by step！

Step 1 ＞利用木桶堆肥

找寻一只木桶，进行伯卡西有机堆肥法。

Step 2 ▶ 将材料倒入混合

倒入完熟的堆肥土,再倒入咖啡渣、米糠、豆粕,均匀搅拌。搅拌时,请用米糠和豆粕调整湿度,以达到理想状态为止。

Step 3

▶ 罩住桶

找一件废旧的汗衫,将汗衫盖在木桶上。

Step 4 ▶ 绑紧桶口

用塑料绳在桶缘绑紧,避免蚊虫干扰。

3

你家堆肥了吗

每一个家庭都有不一样的空间，
把可以做堆肥的地方找出来，
针对自家的生活习惯找出合适的方法，
连堆肥箱都可以自己 DIY 喔！

找出适合做堆肥的地方

阳台、厨房、庭院、楼顶,都能做堆肥

检视你的居家环境,无论是庭院,还是公寓、阳台、楼顶,甚至小套房,都能找出适合做堆肥的地方。以下几处受欢迎的绝佳位置,是前辈们的经验之谈,值得你参考。

阳台,是堆肥的最佳位置

▲ 放堆肥厨余桶的地方请选通风的阴暗处。

不管居住在公寓、大厦或独栋房屋,阳台是大家做堆肥的首要选择。这里先天具备了通风、透气的优良条件,还可以遮蔽雨水,有氧、无氧的厨余堆肥箱都能容纳于此,尤其能降低"气味"的残留。况且阳台多半有水龙头和排水孔,对于清洁工作有很大的便利性,不过要小心清理,以免泥沙造成堵塞。

摆放在阳台的堆肥箱,由于会受到阳光的照射而加温,堆肥的完熟速度往往比放在室内快。要特别提醒的是,厨余堆肥箱的高度,建议不要超过阳台围墙,可有效减少厨余桶因暴晒带来的损害,若是西晒太严重,必须准备一张黑色遮阳网稍微覆盖。

厨房,水槽下方下最合适

没有阳台的朋友也不要气馁,看看厨房有没有空间可以放置,或是打开水槽下方的柜子,看看洗碗槽下方是不是还有空间。很多小家庭利用这里堆放清洁剂或厨房用品,有的放置米缸,或是将滤水器装在这儿,除了最后一项不方便移开之外,其他都可更换位置,把水槽下方空间留给厨余堆肥箱。

水槽下方有两个特点,一是空气流通不佳,二是容易招来蟑螂和老鼠。若用麻布袋堆肥法有被老鼠咬破的可能,用密封式堆肥法打开时气味较重,两者都被淘汰出局,只能在厨房里进行通气式堆肥法,而郑诚汉老师在第 66 页"塑料通气式堆肥箱 DIY"的示范,等于是改良式的通气堆肥法,正好可以协助我们解决这个问题,只要把厨余的汤汁沥干,以一层厨余、一层泥土的方式堆置,就几乎不会有味道了。当然,屋内如果还有其他角落可开辟出来,也以气味较轻、行有氧堆肥的通气式堆肥法较为理想。不过厨台上、水槽旁边仍需清一处地方放置厨余桶,先把厨余放入沥干,再转放进堆肥箱。

▲ 放在水槽下方最好使用密封式堆肥箱。

庭院楼顶,通风不直接日晒

幸运拥有一块庭院可以"拈花惹草"的朋友,困惑往往在于地方太大,不知从何选择。台湾大学农艺系教授郑诚汉老师建议,堆肥箱的摆放位置最好选择通风但不会被直接日晒的地点,若没有雨棚,就需要考虑遮雨的问题。

庭院若是和邻居相临,做堆肥时,最好考虑气味会不会飘往对方住处,以免引起对方的困扰。

住在公寓顶楼的朋友,若能征得邻居的同意,在楼顶天台做堆肥也是不错的选择。堆肥箱的安置,同样须掌握通风原则,最好放在靠着围墙之处,比较不容易被打翻或被直接暴晒。

与放在阳台的概念相同,堆肥箱不要高过围墙。气温太高时,可以使用黑色细密的遮阳网覆盖,有助于稍微降温;另外,还要考虑遮雨的处理。

堆肥的八大疑虑，一次帮你解决

弹性调整，让堆肥完全融入生活中

找出可以做厨余的地点后，接下来请审视家庭的状况，挑选适合你家的堆肥方法。

例如家里很少有厨余，养有猫狗，或是住在较冷地区，种菜的家庭，都可以有不同的解决方法。

🌿 不想花钱买堆肥箱

如果你不想另外准备堆肥箱，可以就利用这样两种桶子，一种是暂时只用来放厨余、把水沥干的厨余桶，它的容量较小，内有沥水篮；一种是容量较大，下方有排出液肥的水龙头，内部有滤水网，这种称为密封式堆肥箱。选择密封式堆肥法吧！进行的关键在于放入 1 周后要记得排水，之后每隔 3 天收集 1 次。由于密封式堆肥法的气味较重，每次打开放入厨余的速度要快，并且多准备一些落叶、粗糠或泥土，确保覆盖厨余。

网络上常被讨论的母子式厨余垃圾有机堆肥处理法，也可以用这两种桶来做，但需要再准备微生物菌，把菌种、红糖和生水，以 1∶3∶6 的比例混合，或直接采购液状的微生物菌液喷洒，有助于分解和除臭。

▲ 利用洗菜篮收集厨余，可有效过滤菜汤。

🌿 想要厨余、堆肥一桶搞定

如果你非常重视省时、省力，或是家中空间小，只能在厨房觅得一小块区域，只要一桶简单搞定，兼具厨余与堆肥二合一的堆肥方式，则可以替你省去不少麻烦。

建议选用一只大塑料桶，参考第 66 页"塑料通气式堆肥箱 DIY"，在桶身凿洞，同时在底部放一个较大的集水盘。摆放厨余之前，先在底层铺满一层枯叶或粗糠，接着将厨余置入，再放一层培养土或菌种土；之后依照厨余、土壤的顺序，轮流一层层摆放，厨余与土壤混合后，堆肥会很自然地产生，方便性极高，也可以减轻臭味。

如果你决定在室内这么做，记得添加土壤时要加厚一些，厨余在摆放前也要尽可能沥干，如果当日厨余量较多，请分批置入，例如：原本要放入约 4 升容量的厨余，可以分为 2 次，第一次把 2 升厨余放入铺平，覆盖满满一层土，再放入另外 2 升厨余，然后再铺土壤。

担心日晒太严重

▲ 不建议直接暴晒厨余桶。

除非堆肥箱放在室内，否则在阳台、楼顶、庭院都很难避免被直接日晒。稍微日晒对厨余不会造成直接的伤害，反而可以让箱内温度提升，加速堆肥的完熟。但是不建议直晒或暴晒过久，否则会让堆肥箱的异味加重，而且堆肥箱的塑料材质容易因日晒而损坏。

无论你选择哪一种堆肥法，担心日晒严重时，建议准备一张大型黑色遮阳网，中午时罩在堆肥箱上方挡挡太阳。

住家太冷怎么办？

夏天时，原本气温就可能有 30℃ 以上，加上发酵过程会发热，只要厨余够多，容器够大，容器内温度很容易便冲破 60℃。因此，不管堆肥箱放在户外或室内，只要力行厨余切成小块的做法，几乎 3 个月内就能完成堆肥。但是冬天气温较低，加上寒流来袭，厨余变堆肥会成为漫长的等待，往往需要 4~6 个月才会完熟。

▲ 冬天气温低，最好把厨余剪得碎小，有利发酵。

住宅特别冷又希望堆肥进程快速的朋友,可以考虑将堆肥箱放在更大的木箱内,这样升温效果会提高。如果居住在地势高的山区,建议用木质堆肥箱来替代塑料堆肥箱,保温效果比较好。有人利用泡沫塑料来堆肥或放置半熟的堆肥土,虽然泡沫塑料箱的保温效果良好,但泡沫塑料本身有释放毒素等问题,且耗损破裂后丢弃又成为环保问题,所以不建议采用。

🌿 讨厌留下厨余水气味

▲ 利用空心砖垫高厨余桶,能吸附流出的肥液。

有些朋友很担心厨余水流出弄脏地板,会使气味不易清除,不妨买几块空心砖回来吧!

把空心砖平铺,垫在密封式堆肥箱的下方,让箱子与地板隔开。空心砖的质地比较轻,具有较大的孔隙,吸水力不错,万一收集厨余水时不慎流出,它可以适度吸附。如果采用透气式堆肥箱,只要厨余摆放得当,不太会有厨余水流出。

🌿 顾虑宠物会去翻拣

养猫、养狗的家庭,如果宠物能自由到院子或阳台溜达,就不适合开放式堆肥法,因为要猫狗不去翻是不可能的。

为了宠物们的安全,平日就要养成习惯,随手关厨房门(开放式厨房对犬猫是很危险的)。厨余桶本身有盖,放在厨房不至于被猫狗翻拣。至于堆肥箱,密封式堆肥箱本来就有盖子,也不成问题;至于透气式堆肥箱,请选择盖子不易被宠物打开、周边缝隙不至于太大、厨余不至于被扒抓出来的箱子。而塑料、木头材质的桶,可减少桶身被咬破、踢翻的情况。

▲ 堆肥箱要放置安全地方,避免家中猫、狗去翻搅。

厨余太少或不稳定

　　有些人因为独居,担心厨余量太少;或是家里人口少、没空开伙,担心厨余来源不稳定,这样的生活状态,我们更建议要做堆肥! 因为,哪怕是果皮、水果种子,或是便当剩菜,只要出现在你家,下一步就是发酸发臭;而且对单身或忙到无法开伙的家庭而言,倒垃圾、倒厨余往往成为一大压力,如果做厨余堆肥,还可以减缓这种压力呢!

　　这类家庭,请考虑有没有户外空间,只要有阳台、露台、楼顶或小院子,本书介绍的各种堆肥法任君选择;如果只有室内空间,那么请从有氧的堆肥法里做选择。要知道,哪怕是咖啡渣、果皮、水煮蛋的壳、过期奶粉,都可以是堆肥的材料。

液肥怎么用?

　　如果你家有种植青菜的习惯,那么建议你设法进行密封式堆肥法吧! 因为这种湿式的堆肥法,除了可以取得肥沃的堆肥土,还会产生液肥,而液肥可是种菜的宝贝哟!

　　把液肥稀释 300 倍, 拿来浇菜,可以让青菜翠绿又强健,种出不用药的健康蔬菜。如果稀释 50 倍, 可用来清水管、马桶管道。

液肥可稀释浇菜、清洗水管,用途多又环保。　▶

木制堆肥箱 DIY

善用木头的保温、透气性

密封式堆肥法在堆肥土半熟时，必须取出放入另一个容器等待 1 个月左右，其间每周必须翻搅 1~2 次，这时，你需要一个木箱；落叶集中堆肥法虽然可以在土地上直接进行，但为了方便整理环境，也可以准备一只大木箱，把收集的落叶、杂草放进去；麻布袋堆肥法在冬天时，温度不容易保持，尤其是晚上，可拿一只木箱罩住，让它温度不至于降太低……

在制作厨余堆肥的过程里，木箱是很好的帮手，直接堆肥或间接盛放堆肥土，都可以派上用场。我们可以回收不要的家具，把木板拆下来使用，或是到木材行购买较便宜的木板，回家自行组装。

材料·工具

① 电钻或螺丝起子。

② 螺丝钉（长度不超过木板厚度）。

③ 大木板 1 片（示范为 62 厘米×62 厘米）。

④ 小木板 5 片（示范为 55 厘米×55 厘米）。

⑤ 边条 4 条（长度尽量与小木板边长相近，不超过木板即可）。

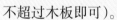

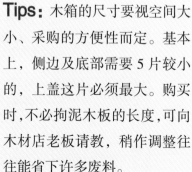

Tips：木箱的尺寸要视空间大小、采购的方便性而定。基本上，侧边及底部需要 5 片较小的，上盖这片必须最大。购买时，不必拘泥木板的长度，可向木材店老板请教，稍作调整往往能省下许多废料。

木制堆肥箱 Step by step！

示范／台湾大学农艺系教授　郑诚汉老师

Step 1 　钉上边条

　　先在 4 块木板（55 厘米 × 55 厘米）的一侧边缘处，各钉上 1 条边条。边条长度需小于木板边长扣掉木板本身的厚度，至于边条厚度、高度不等。

Tips：例如木板长 55 厘米，厚 1 厘米，则边条长度必须小于 54 厘米（55 − 1 = 54）。

Step 2 　组合木板

　　将一块未钉有边条的木板（55 厘米 × 55 厘米）放置于地面上，当作底板。将钉有边条的木板，其缺口的部分垂直对准底板，并用螺丝及电钻钉于连接处上下位置（每侧可视木箱大小钉 2~5 处），螺丝以不超过木板本身的厚度为宜。

Step 3 　四面木板组合

　　接着将另一块钉有边条的木板，同样以垂直的方向对准底板后，再使用螺丝及电钻钉于连接处，记得边条与边条不应相连，而是隔开。依次将四面木板钉制完成。

| Step 4 | ➤ 加强底部木板 | Step 5 | ➤ 完成 |

把箱子反过来,针对底部锁紧做补强,方形木箱雏形完成。

将最后一块木板(62 厘米 × 62 厘米)当作上盖,直接盖上即完成。

制作小笔记

① 边条有助于密合:木箱的边条并不是必备条件,但钉有边条的木箱密合度较佳,相对容易升温,对堆肥有帮助。

② 形状可自由调整:方形不是必备的形状,可视空间和需要做调整,但当作盖子的那片木板务必裁切得大一点。如能替盖子加上手把,就更方便使用。

③ 应用螺丝好拆解:螺丝可改以铁钉代替,但螺丝的好处是,未来木板若另有其他用途,可直接将螺丝卸下,拆解的方便度较高。

塑料通气式堆肥箱 DIY

用打洞达到透气的效果

有些人会觉得，将沥干的厨余移至堆肥箱里再铺平很麻烦；或是将半熟的堆肥土移至木箱等待完熟更是麻烦，或是不喜欢密封式堆肥箱会产生液肥，更讨厌它产生的气味……这些都是一般人做厨余堆肥会遇到的问题，但可别让这些因素，成为你做厨余堆肥的阻力。

想要味道不臭，干式的有氧发酵是比较有希望达成的。我们利用大型塑料桶，将其打洞加工，让它具有透气的效果，就会变成二合一超好用的透气塑料堆肥箱。

材料·工具

① 附盖的塑料桶（尺寸以 20~30 升为宜）。
② 电钻。

🍃 塑料堆肥箱 Step by step！

Step 1 ▶ **底部钻孔**

将塑料桶的底部钻孔，每个洞孔的间隔约 2.5 厘米，以散状且均衡的方式将底部钻满钻孔。

◀ 电钻钻头 0.2~0.7 毫米即可。

Step 2 ▶ 在桶身钻孔

采用直线式在桶身上钻孔，每个孔之间间隔约 2.5 厘米，而线与线之间相隔 5~10 厘米，分布要均匀。

Step 3 ▶ 完成

当桶身完全布满钻孔后，即完成。

制作小笔记

① 将厨余堆肥箱钻孔的好处，在于气味的散发，钻孔就像是桶子的毛细孔，因此孔钻得越密，效果越好。

② 请留意钻孔不宜太大，若太大容易让虫子进出，会带来反效果。

🍃 使用示范 Step by step！

Step 1 ▶ 收集树枝、树叶

捡取一些树枝、树叶，用剪刀将其剪碎。剪裁长度约 2.5 厘米，若有时间剪裁小于 2.5 厘米更好，越碎越容易分解。

Step 2 ▶ 铺上树叶

接着将桶底的第一层铺满树枝、树叶。由于枝叶本身会吸收水分，因此底部不需要另外加滤网。

Step 3 ▶ **铺上厨余**

将厨余均匀置放于枝叶上,铺满一层。

Step 4 ▶ **撒上菌种**

撒上菌种、培养土或半熟的堆肥土,最好厚厚一层。

Step 5 ▶ **重复堆叠**

轮流以枝叶、厨余、菌种或土壤的方式交互堆叠即可。

摆放位置小笔记

① 这个塑料堆肥箱若是放置在阳台或楼顶天台,建议在底部加铺空心砖吸水,或是找一个较大的水盘,万一有厨余水流出才不会弄脏地板。② 如果有庭院或花坛就更好,可直接把桶子放置在土壤上,让土壤吸收水分。③ 如果是利用厨房水槽下方的空间放置,建议步骤 4 要搭配厚厚的泥土(3~5 厘米),这样当厨余量较多时,泥土可发挥吸水力。④ 本厨余桶是透气的,但在堆放厨余之前要尽量沥干,打开时气味相对会较淡。

帮植物量身定做堆肥

自制的堆肥怎么用？
如果你喜欢种蔬菜、花卉，
何不专门替这些绿色宝贝定做堆肥？
爱心加料，能让植物长得更茂盛。

厨余的营养素

掌握厨余成分,有机堆肥再进阶

连小学生都知道,每种食物含有不同的营养,所以必须饮食均衡,才能摄取到各种营养素。

同样的道理,剩下来的厨余也带着不一样的营养素。不同厨余原料的加入,将导致堆肥的成分不一样,有的碳多氮少,有的氮多钾少,倘若没有基础的概念,永远无法了解一盆盆黝黑的土,究竟带有怎样的能力。

 ## 有机堆肥与化学肥料有什么不同?

有机堆肥是指用厨余、落叶、枯枝,甚至是禽畜粪等有机物,经由微生物分解、发酵,所产生的堆肥土。

化学肥料是指人工制造的肥料,它的种类繁多,配比经常是复合的,而且必须清楚标示,例如 20:25:10,代表含有 20%氮肥(N)、25%磷肥(P)、10%钾肥(K);有的肥料会标注 4 个数字,例如 10:15:15:2,代表含有 10%氮肥(N)、15%磷肥(P)、15%钾肥(K)、2%镁肥(Mg)。

有机堆肥与化学肥料大比拼

类　型	有机堆肥	化学肥料
来　源	有机物经微生物发酵、分解	工厂制造
优　点	可改善土壤,养分释放慢但持久	成分比例清楚,容易取得
缺　点	需用较长时间制作	使用过量会造成土壤酸化

肥料主要有哪几种?

肥料就是植物的食物。植物要正常生长,除了靠光合作用,还需从土壤中吸收营养。肥料就是土壤中提供的植物必需的养分。肥料根据外观有固肥和液肥之分,根据来源则分为有机肥料和化

学肥料,而堆肥属于有机肥料的一种。

　　肥料的种类繁多,氮、磷、钾是三大重要元素,其他元素如钙、镁、铁、锰、硼、铜、锌等。一般观叶植物,可用氮、钾比例较高的肥料;一般花卉、果树类,在开花结果的阶段可以用磷、钾比例较高的肥料。此外,堆肥的制作过程,其实是碳和氮的一场平衡赛,碳多氮少会造成温度不易上升、堆肥完熟速度慢;碳少氮多,又会造成逸失并产生臭味等现象。

氮肥、磷肥和钾肥的用途

肥　料	用　途
氮　肥	使菜叶鲜绿茂盛,使植物长得枝叶浓密,又被称为叶肥。
磷　肥	促进初期根部生长、花芽分化和花蕾发育,使花朵香浓色艳,又被称为花肥、果肥。
钾　肥	使根部苗壮、茎干强健,钾肥喷洒在叶片上可预防白粉病,采收前施肥会让果实变甜,又被称为根肥、茎肥。

厨余常见的营养素

　　以下列出常见厨余所含较高比例的营养素(事实上每种厨余仍含有其他微量元素),如果希望调制出适合某类植物的堆肥,可参考第 74 页至第 76 页的介绍。

较高比例之营养素	厨余种类	适用植物
碳	剩饭、粗糠、素食、花生壳、瓜子壳、蔗渣、木屑、落叶。	叶菜类
氮	肉类、蛋壳、虾壳、蟹壳、米糠、豆粕、根茎类、咖啡渣、禽畜粪。	叶菜类
磷	肉类、内脏、骨头、奶粉、剩饭、粗糠、豆粕、豆类、酸奶。	花卉类
钾	蚌壳、鱼骨、粗糠、豆粕、菜渣、果皮。	果实类
钙	骨头、蛋壳、蚌壳、虾壳、蟹壳。	果实类

帮你家植物特制堆肥

量身定做，长得更茂盛！

　　既然厨余材料会提供不同的营养成分，是否能稍加调整为植物定做最有用的堆肥土呢？台湾大学农艺系郑诚汉老师告诉我们，这是做得到的！

　　当然，前提是得了解不同类型的植物，各需要哪类的养分，再适量地补充厨余原料和堆肥添加物，才不会发生"种花得叶""种瓜得花"哦！

把厨余水养成液肥

　　厨余水在经过一段时间的发酵、培养后，会成为一种液肥，虽然它闻起来不太平易近人，但使用后效果却令人吃惊。如果你想领略它的好处，郑诚汉老师建议大家可以这么做。

　　收集好的厨余水可统一放在饮料瓶中，一开始先加 1 茶匙左右的红糖，或是干脆预先调制一瓶高浓度的红糖水，倒入 1 汤匙，盖好之后上下颠倒混合一下。大约每隔 1 周，稍微闻一下气味，若仍然很难闻，就再加 1 茶匙红糖或 1 汤匙红糖水，再充分混合一下，直到气味慢慢地变淡后，嗅闻的时间可略微拉长至 10 天或半个月，添加的红糖量也可慢慢减少，直至气味淡似无味，甚至略带橘香味，2 个月左右，厨余水已成为液肥，即可以开始使用了。

　　瓶内的微生物众多，建议放在阴凉之处，避免阳光直射，且瓶盖不要盖太紧。培养期间，郑诚汉老师甚至会帮厨余水加装打气装置，一来提供充足的氧气，让好氧的微生物活跃与繁殖，增进液肥的培养速度，二来可均衡里面的成分，减少气味产生。

　　这种特别培养的液肥呈弱酸性，平日与草木灰水(指草木燃烧成灰后，加水混合)相互交替使用，可以减少植物的病虫害，使用时，浓度可以降低，稀释200~300 倍，就能达到不错的效果。

叶菜类专用堆肥

一般家庭制作出来的堆肥,大多含氮成分较高。如果单纯种植叶菜类等不需要开花、结果的植物,可以放心使用,不必再另外加料,叶菜就能长得很茂盛。

制作堆肥的初期,建议可以添加一些红糖做调整,除了减少臭味,也可以避免堆肥的氮浓度太高,导致大家常说的"植物被'咸'死"。

如果是素食家庭,做出来的堆肥以碳的比例偏高,在制作过程中不妨添加米糠或豆粉,借由米糠本身高氮的特质,将碳氮比值稍加平衡。

此外,如果希望土质变松,可在堆肥里添加粗糠(稻壳),粗糠本身不容易被微生物分解,又含有高量的硅元素,加在土里能使土壤间的空隙增加、变得疏松,而加入咖啡渣也会有同样的效果。

▲ 加入红糖后,稍微摇晃瓶身。

▼ 打气的小泵,在水族馆就可以买到。

红糖　　　　　　　　　　　　　　豆粉　　咖啡渣

▲ 液肥加入红糖可消除臭味;加入豆粉可使碳氮平衡;加入咖啡渣可使土质疏松。

花卉类专用堆肥

花卉类植物在生长初期如扎根时和生长后期如开花时,需要较多的磷肥。

日常生活中,最常见的磷肥可以通过骨头补充,因此建议一般家庭做堆肥时,可以将骨头敲碎后加入堆肥中;若是素食家庭,或是平常很少有肉类厨余的家庭,可以添加海鸟粪(鸟粪磷肥)。海鸟粪可在堆肥完熟后加入,由于海鸟粪中磷占了20%,因此加100克的海鸟粪,等于有20克的纯磷,如此便可改善植物在开花时的磷肥不足。

磷本身很容易被泥土的颗粒吸附后再慢慢地释放到泥土里,所以,即使施用的磷肥量比实际的需要量稍微多一些,也不会造成危害或产生公害。但是,一般的施肥原则是尽可能采用少量多次的方式。不过种植花卉的难度较大,花卉很容易因为氮肥比例过量而疯长不开花,或致使花蕊掉落,或又发出新叶而不开花;而浇水太多也影响对磷的吸收,因此一般不会建议新手一开始接触园艺就挑战栽种花卉。

果实类专用堆肥

植物结果需要钾肥的补给,平常最随处可见的钾肥添加物,就是草木灰,即草木经过燃烧后所产生的灰烬,其中钾的成分就很高。另外,像是草纸燃烧后的灰烬,也可以用来当成钾肥的添加物。

建议第一次使用时,可以将草木灰泡水,接着洒在植物的叶面上,这样会有效控制白粉病的发生。不过钾肥有个特性,即容易流失,平常水流到哪里,钾就会到哪里,因此在施肥加料时,要视果实的成熟期使用。若太早添加,随着水分流失,效果便十分有限。像瓜果、秋葵、茄子、百香果等植物在果实长大、成熟的阶段,都会需要钾肥。

草木灰还有一个相当实用的功能,即使不泡水,直接洒在植物的周围,就可以避免蛞蝓、蜗牛等软骨类动物靠近,因此用途非常广泛。

我们常食用的蚌壳类,敲碎后经过焚烧,添加于堆肥中,也可以补充钾和钙元素。若是不经焚烧也可以使用,在其他厨余成熟后,蚌壳碎片可能还夹杂在其中未完全分解,但这无损于堆肥的用途。将蚌壳跟堆肥一起放回到泥土中,让它慢慢地释放所含的养分,把养分回馈给大地。有机堆肥的目的不在于快速释放养分,而是逐渐地分解,再让这些养分慢慢地被植物吸收。

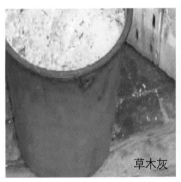
草木灰

▲ 草木灰用途很广。

别乱买成分不明的培养土

许多人种植物,会去购买培养土回家使用,但各家培养土的成分都不同,有些培养土只是单纯的土壤,什么都没添加,有些是全部由动物粪便制成的,因此含氮量太高,直接使用后会令植物"咸死""渴死",失败率百分之百。因此,与其购买培养土,还不如自行到户外,取一些土壤在堆肥过程中使用,最后用以土养土的方式培养出有营养的土质。

从户外带回来的泥土,建议选择颜色较深的土壤,这类土壤的菌种往往比较丰富,使用之后,植物较不易有病虫害发生,但最好使用前先暴晒几天。

宠物家庭的加料堆肥

用猪粪、牛粪、鸡粪做堆肥，自古已司空见惯。同理可证，家中猫、狗的粪便，是不是也可以丢进厨余桶里呢？

禽畜粪的含氮量较高，如果你坚持在堆肥中放入粪便，请尽量将它埋得深一点；为了减少臭味，同样添加红糖，只要把粪便分解掉就不会产生臭味了。

郑诚汉老师特别提醒，家中猫、犬的粪便，要特别担心病菌问题，基本上不鼓励放入堆肥箱。只有当堆肥箱够大（1立方米以上）、厨余量够多，堆肥过程中的温度够能达到60~70℃，甚至更高时，经高温杀菌后，才可以免去这份担心。如果堆肥箱较小，厨余量不多，而你又坚持把禽畜粪放进去时，建议堆肥完成之际，务必补做一个手续——将堆肥土装入塑料袋里，略微喷一点水（以不至于滴出水来即可），然后放在太阳底下暴晒2~3天。若住户缺乏暴晒堆肥土的环境，无法完成杀菌这道程序，强烈建议不要添加宠物粪便。

用阳光杀死真菌

制作堆肥的过程中，堆肥里难免会出现真菌的踪迹，这时无须惊慌，因为厨余本身就是靠菌分解，当堆肥里的菌相越丰富、菌的种类越多，未来用在植物栽种时，越不容易有病虫害。

如果你好菌、坏菌分不清楚，或是潜意识里对于堆肥发霉心存担忧，最直接、有效的杀菌法，便是把即将使用的堆肥取出，放在塑料袋里，洒上一点水，封起来放在太阳底下，暴晒2~3天即可完成杀菌步骤。

种植新手入门推荐

如果你堆肥有成,想从"堆肥达人"进一步提升为"种植达人",郑诚汉老师建议,新手不妨先从种植叶类蔬菜入门,比较容易成功。例如小胡萝卜、樱桃萝卜、小白菜等,最适合入秋后开始耕种,小胡萝卜尤其快速就能收成,叶子还可以摘取腌制雪里红,因此很适合新手入门。选择在春天、夏天着手的人,可以先试试从地瓜叶这种少病害又生长快速的叶菜开始。

一些常见的蔬菜,如高丽菜、莴苣等,因收成及栽种不易,不建议新手种植。马铃薯是新手很适合入门的植物,约10月份可开始种植,且持续至翌年2月,若用厨余堆肥栽种很少会有病虫害,成就感也会较大。冷凉季节转高温后,在4或5月份,如果环境许可,种植香瓜也很不错。

进入夏季后,种植比较不易成功,常带来有挫折感,因此建议休耕,继续做堆肥来改善土质。花卉类因牵涉日晒、肥料、水分等因素,失败率较高,除非非常爱花或挑战精神十足,否则在新手没把握的情况下,最好尽量避免。如果自知耐心不足,那些栽种时间很长、需等很久才能收成的植物也不适合。

▲ 利用堆肥种出的水果青菜,天然又健康。

Part

5

快乐的实践家

各行各业,不分老少,
只要有心就能把厨余变堆肥;
不同的手法,不同的秘诀,
相同的是,每位实践者能获得莫大的快乐!

林妙娟夫妇,跟我一起种菜去

厌气式堆肥法

▲ 林妙娟身体力行,一头栽进花草世界里。

【林妙娟夫妇小档案】

◆新合发股份有限公司负责人

◆PRISTINE 新合发有机原棉
董事长

◆自做堆肥种菜,把屋顶、楼顶
辟建成空中菜园

◆堆肥经验:厌气式堆肥 3 年

3 年多前,林妙娟在自家屋顶开辟梦幻菜园,目的不仅是响应环保爱地球,更体认到爱自己更要从生活做起,有机生活让她更健康,重新享受儿时收获乐趣。从一片小菜园出发,到有机棉衣物的开发,一步一个脚印,还原健康简约的乐活态度。

▲ 屋顶菜园不仅可绿化环境,也能让生活更有乐趣。

屋顶变菜园,乐当种菜达人

目前最流行的乐活态度,无不提到"假日农夫"这个新兴名词。早在 3 年多前,林妙娟与蔡清发夫妇就在自家屋顶当起假日农夫。他们针对住宅结构而设计,自行创造一个适合居家的菜园环境,例如用叠放的方式给番茄、青椒和秋葵一定的生长空间。

对林妙娟来说这 3 年来的付出及努力,最大的收获就是这满园翠绿、健康的蔬食水果。她说:"想让这些蔬菜生生不息,只要注意在收成时,不要连根拔起,留着根茎在营养土里,没多久又会发出绿叶嫩芽喔!"

用心照料让蔬菜漂亮又健康

悠闲午后来到林妙娟的菜园，一片翠绿让人格外神清气爽。林妙娟笑说，自从开辟屋顶菜园后，不但亲身体验种菜的乐趣，补足不够的运动量，还能将生产的蔬果分送给亲朋好友，真是一举数得！最重要的是，能吃到自己亲手种出的无污染的有机蔬菜，健康又有成就感。

林妙娟夫妻认为自制有机蔬菜最困难的地方，不是作物而是害虫，尤其是介壳虫和蚜虫，就连农药都很难除掉。"幸好，在我们菜园里不时可以发现小瓢虫帮我们吃害虫，所以蔬菜长得健康漂亮。"

"我们最得意的作物就是番茄，一般而言番茄需在温室里才能生长良好，但我们移到户外栽种依然能收成良好。"原来为了种出好作物，他们除了阅读大量书籍，实地研究有机栽培法，给予良好的有机堆肥，还不断尝试各种天然除虫法，利用作物混种营造相互保护、减少虫害的环境。

无农药的番茄竟也能长得又大又漂亮。▶

研发混合液肥浇水法

林妙娟夫妇平常使用农发 EM（有效微生物群）厨余粉制作有机堆肥，将厨余切碎成小块集中在堆肥箱里，约 2 个星期就可以使用，固肥可当基肥，液肥则可作为平常追肥使用。蔡清发自行研发一套自动混合液肥的浇水法，设计一个呈 Y 字形的塑料管，中间钻洞接上装有液肥的饮料空瓶，两端接上水管，当浇水时，通过虹吸原理，水会被带到饮料瓶中，稀释液肥，再顺流而出，成为便利的添加液肥浇水法。

▲ 运用厨余粉可加速有机堆肥时间。

有机生活，从贴身做起

林妙娟夫妇共同经营一家贸易公司，3 年前两人到日本寻找有机的相关产品，因此接触到了有机棉，从此与有机棉结下不解之缘。原本就极为重视饮食健康的林妙娟，如今更是确认贴身衣物也马虎不得，因为皮肤接触到有毒物质可能也会危害健康。

棉花棒、卫生纸棉、内衣裤、衣服玩偶、寝具等这些每天都与肌肤亲密接触的物品，其主要原料来自于棉；而棉花在栽种过程中，为了防治病虫而施用农药，在加工过程中，也添加了化学漂白剂、染色剂等，这些有毒成分会借由肌肤吸收至体内，造成化学伤害。此外，这些化学物质还会影响环境。

为了让生活更安全，有机实践更落实，林妙娟夫妇创立 100% 有机棉，并致力推广 EM 产品，还发明了可重复使用的卫生棉、纯净化妆棉、宝宝外出服等。产品主打健康、高品质，且各阶段都通过认证，消费者不用担心会造成肌肤伤害。

▲ 林妙娟夫妇乐当假日农夫、有机堆肥实践家。

张国川，教导学员堆肥种菜

猫空山上的有机田园梦

▲ 在南非度过二十几载，张国川回到最初的家，站在这片孕育他的土地上。

> 【张国川小档案】
>
> ◆樟湖自然农园园长
>
> ◆文山社区大学讲师
>
> ◆樟湖茶山步道专业导览解说员
>
> ◆堆肥经验：密闭式堆肥＋通气式堆肥，两者并用9年

张国川的祖籍是福建泉州安溪，家族来台湾已有180多年，世代经营茶园。他的老家坐落在台北市文山区指南里一带的山坡地，这里旧名"外樟湖"，是台湾铁观音茶的唯一产区，也是台湾第一座观光茶园。

推广厨余堆肥，从茶农变老师

继承了茶农身份，又是家中长子的张国川，与农事有着不解之缘。尽管他年轻时做过不少工作，还意外加入了南非农耕队，旅居约翰内斯堡 20 多年，然而思乡情浓，游子终归回到最初的家。

2001 年，张国川回到了故乡。恰巧社区发展协会正在推广厨余堆肥，通过使用杉木桶和喜氧菌种的操作，指导居民正确地处理家中厨余，并将制造出来的有机肥，作为植栽的有机土，以增加社区的绿化。他们急需一处可供堆放并可实际运用堆肥的场所。

当时，他们找到了张国川，并向他商借约 900 平方米已休耕多年的闲置土地，设置了 3 座大型厨余箱，开始进行厨余堆肥的教学与推广，猫空山第一个有机农圃——樟湖农园因此应运而生。接着，协会又和社区大学合作，在樟湖农园开办了"自己种菜自己吃"课程，让学员亲身体验种菜的乐趣。

就这样，张国川在自己的农园里，以丰富的农作经验，亲切地教导学员如何堆肥、如何种菜，从茶农变成了广受大家喜爱的"张老师"。

"自己种菜自己吃"，课程超棒

▲ 张国川的樟湖自然农园，让许多都市人在此一圆"自己种菜自己吃"的梦想。

目前"自己种菜自己吃"课程已经成为 3 个学分的热门课程，每年 2 期，每期都满员。在一期 18 周的课程中，除了让学员亲身体验农村生活外，老师还教导学员利用厨余堆肥种植蔬菜。学员除能获得环保实务经验及生态保护的概念外，还能采收到自己亲手种植的有机蔬菜。

怀抱着回馈社区的理念，张国川也结合教学辅导一些辍学生，让孩子们参与农务劳作，体会"一分耕耘，一分收获""谁知盘中餐，粒粒皆辛苦"的道理，亲近自然，学习大地的包容与涵养。结果社区居民反应热烈，要求继续开课，并希望将农地面积再度扩大。

为了完全体验"种菜"乐趣，许多参加课程毕业后的学员，纷纷向农园认养土地。张国川坚持园内必须全程有机栽种，不得使用化学肥料，不喷洒农药，以种植出纯天然的有机蔬菜。同时他还定下了3条园规："自己种菜自己吃，自己的工具自己用，自己的垃圾自己带走。"园内共规划30个认养单位，每单位20~23平方米，目前已全部租出，预约必须等明年！

善用厨余堆肥，让美好持续发酵

▲ 看着农园里的作物，张国川脸上写着满足。

张国川表示，自己动手做厨余堆肥好处很多，只要有适合的空间、适当的器具和材料、正确的步骤和方法，最重要的是要有一颗爱环境的心，人人都可以来尝试，而且都是废物利用，所费不多，又能省资源、做环保，何乐而不为？

厨余变堆肥的原理，其实就是制造可以养微生物的有机质，再利用微生物进行发酵作用来分解厨余中的有机物质，最后会变成一种很好的有机肥料和土壤改良剂，不但能肥沃土壤，更能提高农作物产量和品质。"这就像好的理念与坚持，会在生命中持续发酵一样，在大地中轮回，生生不息……"张国川微笑着道出自己的体悟。

刚接触厨余堆肥的学员常抱着迟疑的态度，张国川总是倾听和肯定对方的困扰，然后客观地给予建议。曾有学员问道："家中宠物的粪便，是不是也可当作堆肥的材料？"由于猫、狗及人的粪便可能含有寄生虫，或遭到抗生素、重金属与生长激素污染，在许多国家已明令禁止用于施肥。"生活中明明还有许多材料可以使用，粪便给人感觉又脏，何苦非用禽畜粪呢？"张国川总是如此鼓励学员："我们再想想，一定还有很多好东西可以堆肥！"

至于许多人担心厨余堆肥会产生臭味。张国川认为，只要事前充分沥干，注意通风（或完全紧闭），并凭借定期适度的翻搅，大部分气味的问题都可以避免。

对于有意制作厨余堆肥的朋友，张国川特别提醒大家注意下列几点：

① 保持高度的兴趣和耐心，随时掌握堆肥状况。

② 遇到困难立即请教专家或寻求协助。

③ 考虑对生活环境的影响,尤其是会不会影响到邻居。

④ "珍惜资源、减少浪费"是环保的终极目标,请先从"厨余减量"开始。

人生像堆肥,生命重分享

为了让更多的人享受田园之乐,张国川正积极筹设"樟湖自然休闲农场",希望扩大经营规模,打造一个集观光茶园、有机菜园、推广教育中心为一体,具有环保、生态、教育等功能的体验型农场。尽管因客观原因影响了其发展的脚步,他却不改乐观,笑笑说:"只要坚持、努力做,相信一定会有回报!"

休闲农场也是一座有机示范农园,会继续为推动"社区自主厨余堆肥设置计划"贡献心力;张国川强调,农场邻近樟山寺,又正好位于该地区观光客的最爱、造访率最高的"樟湖步道"起点,占尽了地利之便,让他对农场的未来充满信心。

人生就像是堆肥的过程,所有的生活经历就如同肥料,到了适当的时机,自然会化作生命的养分。张国川看待自己的生命也是如此。走过了大半人生,他发现最终还是回到了原点,他欣然地卷起袖子和裤管,拿起锄头,走进农园,去挖掘生命的养分,去收获生命的果实。他很清楚,懂得珍惜,懂得分享,多点耐心,多点包容,才能拥有最大的幸福。

▲ 未来,樟湖农园会结合休闲和教育功能,既是休闲农场,也是有机示范农园。

蒋荣利，把屋顶变成空中菜园

通气式组合堆肥箱

▲ 靠着堆肥提供的养分，蒋荣利把工厂楼顶变成蓊郁的有机菜园。

【蒋荣利小档案】

◆ 育材模型股份有限公司负责人
◆ 自动浇水系统、通气式种植箱发明人
◆ 自做堆肥种菜，把工厂楼顶辟建成空中菜园
◆ 堆肥经验：密闭式堆肥15年 + 通气式堆肥5年

　　在事业的高峰期，蒋荣利先生不曾放弃过园艺这项兴趣；在产业大量外移、经济萧条时，幸好有园艺这项兴趣支持他逐渐转型，终于开辟出新的视野。拥有多项园艺发明专利，同时也是堆肥达人的蒋荣利老师，以绿油油的空中菜园告诉我们：用厨余做堆肥，蔬菜连病虫害都没了！

 ## 兼顾事业和兴趣,在工厂楼顶种菜

提起蒋荣利,发明界的朋友会联想到"自动浇水系统",园艺界的朋友则不禁竖起大拇指说:"我知道,就是通气式种植箱的发明人啦!"

蒋荣利,人称蒋老师,他是育材模型的负责人,早在 20 世纪 70 年代,育材就是一家拥有工业设计能力的公司。当年很多玩具厂商常上门找"蒋老板",只要向他描述想制造的玩具,或拿张图片给他看,他就能做出厂商想要的产品。后来随着经济逐渐转型,工厂开始接各式各样的订单,包括西陵电话、宏基、广达都曾是蒋荣利的客户。

蒋荣利喜欢养花弄草,哪怕生意做得再大,对于园艺,20 年来也不曾松手。为了兼顾事业与兴趣,他在工厂楼顶养花、种菜、做堆肥,样样都来。

 ## 自动浇水 DIY,从此不是问题

随着大量产业外移,许多工厂移至外地,于是他调整公司的规模,逐渐带领工厂转型。订单虽然少了,自己的时间却多了,他开始把多年来的"奇思妙想",一步步"美梦成真"。

鉴于自己工作忙碌,浇水这件重要的事又不放心假手于他人,于是他发明了自动浇水系统。从此,浇水时间、浇水频率、水量控制与方向都不再是问题,这项发明让他拿下发明展金头脑奖。

通气式种植箱,发明创作金牌奖

住顶楼的朋友最怕什么? 答案是漏水!几年前,很多朋友告诉蒋荣利,因为怕漏水,只好放弃屋顶花园的梦想。朋友们的遗憾一直盘踞在蒋荣利的心头,他心想,一定要想办法克服。

他决定发明一种结合多重优点的种植箱,来推广有机种植。他站在使用者的立场,不断以高标准来要求这只箱子——要能视环境需要做组合和延伸,变成迷你温室;不可笨重,还能加装轮子,方便使用者搬动;四边设计成透气网状,帮助植物更健康成长;底层可保水、保土、保肥,避免屋顶漏水的压力;可加装棚架,让箱子向上延伸,如此便可种植瓜类、小番茄等爬藤植物;底部可加装脚架,让种植箱"长高",上了年纪的朋友便能省去蹲下、弯腰的麻烦……

设计图修改了 27 次,蒋荣利才开模做出这只种植箱,他亲自组装和试用,不断找出瑕疵进行

▲ 通气式种植箱可自由组合出所需的大小。

改造,又历经 40 多次的修改,终于让这件发明问世。通气式种植箱叫好又叫座,1994 年拿到专利后,又荣获 1995 年发明创作金牌奖,而且通过网络,成功吸引许多外国公司洽购,工厂曾二三个月 24 小时加班生产还供不应求,目前产量已将近 100 万只。

从密闭式堆肥,再到通气式堆肥

因为觉得有机栽种值得推广,蒋荣利近几年研究堆肥有成,他把通气式种植箱的设计又做了修改,变成通气式组合堆肥箱。这种堆肥箱不但能调整大小,装满厨余后,只要翻转过来,就可以轻松取用早先做好的完熟堆肥,非常便利。此外,还可以养蚯蚓,展开蚯蚓式堆肥法。

打从接触园艺,蒋荣利就开始做堆肥,当时使用一般市售的堆肥箱,进行厌氧发酵的密封式堆肥法,必须忍受气味和等待完熟的漫长时间,但为了种出更健康、更漂亮的植物,他还是勇往直前。后来通气式种植箱发明后,他便开始一边研究如何改造成堆肥箱,一边转做喜氧发酵的通气式堆肥法,通过不断地尝试和经验累积,从此堆肥越堆越成功,蔬菜越种越茂盛,工厂屋顶一片绿意盎然,行走其间,得侧身才能通过。他说,这些蔬菜有了厨余堆肥中均衡的营养,连病虫害都不怕。

对于想加入堆肥行列的朋友,蒋荣利的建议是——在室外找出一块小角落,不管厨余量是多是寡,做下去就对了,只要拥有细心和耐心就会成功。至于制作过程中难免有淡淡的酸味,只需用椰土快速掩盖,很快就会消失,毕竟没有哪一种堆肥法是完全无气味的。

蒋荣利兴致勃勃地告诉我们,眼前这片拥挤的菜园,马上就要有新风貌,未来,他的空中菜园会有更高的围墙,结合浇水系统、通气种植箱和堆肥箱,他有把握将植物照顾得更好。我们期待那一天的到来,相信还有更多的绿色好点子,会在这儿产生呢!

▲ 从解决困扰出发,蒋荣利的创意总带给人惊喜。

陈淇沿，有想法就去做

始于对有机的坚持

▲ 夫唱妇随做堆肥，追求有机生活的陈淇沿夫妇。

【陈淇沿小档案】

◆ 在自家厂房边开辟有机菜园

◆ 用厨余堆肥种植有机蔬菜、制作酵素

◆ 县红蚯蚓厨余堆肥工作队个人组第 1 名

◆ 堆肥经验：密封式堆肥 + 通气式堆肥，两者并用 10 余年

由于太太对农药的气味过敏，20 年来只吃自家栽种的有机蔬菜，累积下来的心得和实质的好处，让陈淇沿行走在这条路上欲罢不能。后来，不管是种菜、厨余堆肥或是制作酵素，陈淇沿日复一日在实践的，就是追求有机生活的那股信念与坚持。

尊重,不赶尽杀绝的态度

在县厨余堆肥的评选中,陈淇沿先生果然不负众望,拿下个人组第 1 名。原来早在"红蚯蚓工作队"之前,陈先生已是厨余变黑金的实践者。

说起自家开始厨余堆肥的因缘,得追溯到 10 多年前这个马达工厂迁移到现址时。当时四周的环境可以用荒烟蔓草来形容,杂草丛生,各种蛇类随时会出来逛大街,陈淇沿为了保护妻小不被这些虫蛇侵扰,便开始着手整理附近的环境。他用的方法,不是要将附近的生物赶尽杀绝,而是让该留的留下来,另外那些能够井水不犯河水的,就设法让它回归原野,彼此和平共处。从那时候开始,工厂里的马达制造工作当然是主业,整地也变成生活重心,周边环境的视野在他的认真工作之下,逐渐清爽起来。

豆渣,开启自制有机肥料之钥

人的身体一旦开始劳动,思考也跟着停不下来。

他心想:"既然都已经把这一块地空出来了,不如来种些菜吧!"自此,对有机生活的向往,也随着菜园里播下的种子开始孕育萌芽。家人对日常饮食的需求越来越多,几种蔬菜已无法满足成长中孩子的口欲。为了给孩子更多样化的营养,陈淇沿种的菜越来越多,一畦一畦的苗圃越见扩大,占据了工厂厂房以外的空地,以供应一户人家的三餐来说,这个菜园已经看得出规模了。

一天,陈淇沿在朋友家喝茶聊天,正巧遇到另一位家中从事豆腐、豆浆制作的友人来访,他谈到提炼豆制品,剩余大量豆渣处理上实在很麻烦,虽然当时政府已开始倡导厨余回收的理念,但是一大桶豆渣若要清洁队带走,会造成他们的负担。这时陈淇沿脑中突然闪过"用豆渣当肥料"这个利人又利己的念头,既解决了友人清运的麻烦,也因此给他一把开启自制有机肥料的钥匙。

想法,用头脑和经验去落实

只是,这些原本要丢弃到垃圾场的豆渣要如何变成田里的肥料呢?豆类原就是一种易于发酵的介质,如果直接撒在土里,不但会发臭,也会招来蚊蝇,于是陈淇沿直觉要用"阳光杀菌"。他每天都将这些豆渣平铺在空地上,使其暴晒在充沛的阳光下,之后混合米糠拌入休耕的土壤静置一段时间,发现的确有改善土质的功效。他开心地和友人、邻居分享自己的发现和成果,不过,缺点是晒豆渣的味道很重。

随着近几年人们食用有机蔬菜的意识越来越强,几年前,他正式加入县里主持的"红蚯蚓工作队"计划,得到了厨余桶、菌种及相关研究技术等资源。受访时,他随手拿起稀释的液肥往园里浇灌,随风传过来一阵微微的酸味,不呛鼻,反而带点苹果香,让人禁不住好奇地追问:"为什么您的液肥不会臭?"陈淇沿的嘴角扬起一抹微笑:"嗯,不管是有机蔬菜的种植或是厨余堆肥,都是有窍门的,要靠经验和头脑才能做得到。"习惯把想法付诸行动,难怪陈淇沿总是当地农民眼中最佳的请教对象。

🍃 堆肥,延伸至种菜、做酵素

菜园里的苗种可说是他每天心系的宝贝,一天3~4次定时浇灌,比养小孩还令人费心。附近的邻居常常都可以见到陈太太为了抓虫,蹲在菜园里一叶一叶地翻找。

"我们两个是互补喔! 陈先生负责翻土植栽,我负责抓虫,结果呢,陈先生是老花眼,近的看不到,那我有近视眼,近的看得好清楚呢! "原来,种菜、抓虫,已经是这对夫妻 10 多年来的生活情趣了。

▲ 网室里种着特别怕虫害的蔬菜。

陈淇沿还跟我们透露一个小秘密,说他有时会用更为稀释的液肥代水来浇菜,一来是给植物降温,二来是给菜苗养分,再来就是液肥酸酸的味道也会有驱虫的作用。他体贴太太抓虫辛苦的心思溢于言表。

陈先生的菜园分为两区, 网室里栽种大白菜、高丽菜这类较怕虫袭的菜,户外则种些食用部分长在地下的种类。他指着田里正茂盛成长的青花椰说:"这种长在地上的叶子既然不是我们要吃的,就留给虫去吃吧! "颇有维护生态平衡的态度。

在这个"麻雀虽小,五脏俱全"的菜园里,任何时候、任何季节,园里总有 10 多种当季蔬果奉献着丰厚翠绿的叶片和果实, 照料陈家六口的每日营养。

▲ 因不用农药,菜虫靠人工捉。

陈淇沿指着约 2 米见方的小苗圃说:"这里面大概就有 5 种不同菜的小苗,而这棵菜豆经过台风的侵袭,现在还结实累累,我已经收成 3 次了,别人都说是奇迹。"

菜园的入口张贴着这次得奖的新闻剪报,大大的"爱护地球,提倡健康"手写标语,公告着这 10 多年的身体力行和备受肯定的成果。陈淇沿先生不仅是达人,更是有机生活的传道者。因为不管是种菜、堆肥或提炼酵素,他所坚持的信念、道理都是相通的——无农药、无化肥、无污染、健康又养生。

▲ 陈淇沿运用有机蔬菜和有机水果做成酵素。

液肥不会臭的秘密

在处理厨余时,先把菜汤等水分过滤掉,这是陈淇沿将厨余倒进桶里必要的动作。听起来不像是太艰难的道理,但他说:"注重健康养生的人,饮食本来就是比较清淡的。"这才是奉行有机概念者最关键的秘密。

郑诚汉，快乐的城市农夫

珍惜资源的堆肥达人

▲ 郑诚汉老师的微笑，跟他的性格一样朴实。

【郑诚汉小档案】

◆台湾大学农艺系硕士

◆现任台湾大学农艺系教授

◆永和社区大学讲师

◆堆肥经验：农家子弟，从儿时

做堆肥至今

一个阳光和煦的早晨，穿越市区的车水马龙，我们走进一条宁静小巷，仿佛步入魔法空间，一切变得安静起来，来应门的是皮肤黝黑、带着亲切笑容的郑诚汉老师，他拥有让人立即卸下心防的活力与热情。踏入郑老师的家门，更让人不得不赞叹起在大都市里，他居然能拥有一片让人称羡的茂盛庭院。

觉得自己幸运又幸福

"不要说我是专家,我只是经验分享!"郑诚汉老师自谦地说。

以城市农夫自居的郑诚汉老师,同时在台湾大学农艺系及永和社区大学任教。从小生活在农村的他,对土地、植物、农田有着深厚的情缘,就学后,又因兴趣一头栽进广大的农业研究领域,将自小看到的、接触到的,与学术专业相结合,毕业后又能够在学校里任教,与学子分享他的经验及专业,让他深深感到自己是幸运又幸福的人。

在与我们分享厨余堆肥的经验时,郑老师毫不吝惜地将教授社区大学的心得倾囊相授。他认为,堆肥不是一成不变的公式,所以常告诉学生,随着需求和经验的不同,大可变化出属于自己的做法,所以"弟子不必不如师,师不必贤于弟子",大家有缘齐聚课堂上,尽可能提出来交流,就是教学相长。像"这个堆肥方法我们有个学员尝试过……"这样的句型在访谈过程里不时出现,郑老师真诚的性格和对农业的热情充分流露。

几乎没有垃圾的家庭

在郑老师的家里,我们惊艳于善用堆肥的威力。

"今年7月至9月底,我只丢过一包垃圾,第二包垃圾一直丢不出去。"郑老师有点腼腆地说:"我家所有的厨余和垃圾,能分解的都被我做成堆肥了。"只见老师聊天时,随手将燃烧后的草木灰一撒,就帮一旁的植物完成了钾肥的补充。平常人二话不说直接扔掉的塑料桶,经过他的巧手变换,成了制造超级养分的堆肥箱。见到早餐店大量丢弃的蛋壳,甚至还会忍不住带走一些,即使需要很长时间才能分解,他还是把蛋壳压碎后,加入堆肥中做微量调整,将爱惜每一份资源的心意,确切落实在生活中。

生活自然也不时回馈给他惊喜。"很多人没耐性,觉得堆肥要等3个月实在有点久,我会告诉他不妨取用一些半熟堆肥,用来帮助下一轮的堆肥制作,有了用途,学员才会高兴地继续做下去。不过,我曾经使用堆放了3个月以上、完熟度百分之百的堆肥来种植小黄瓜,结果长出来的果实变成这么大!"郑诚汉老师用双手围了一大圈给我们比划,在场所有的人都看傻眼了。他笑着继续说:"绝对不夸张!后来我送给岳母,切开后非常好吃、非常甜哟!"哇!有机堆肥的威力果然不同凡响。

堆肥吸引蚯蚓自动移民

讨论到土质的松软度时,郑老师继续跟我们分享他的都市农夫趣闻。吃素的他,家中收养了一只杂食乌龟,平日乌龟也跟着吃素,有时候郑老师会以牛奶帮它补充营养。这只乌龟说来很有灵性,只要观察到老师今天要进行植物移盆,就会爬啊爬地来到一旁,安静等待蚯蚓的出现,然后开荤替自己加菜。如果听到老师的脚步声,却不见移盆动作,它知道当天不会有蚯蚓现身,便懒洋洋地一动也不动。

老师笑言,用堆肥养出来的土质确实比较好,不仅植物茂盛又健康,连蚯蚓也会特别粗、特别长。在他家院子里,几乎每一个花盆底下,都有蚯蚓"移民"进来。"不夸张,在我家乡的田里,蚯蚓都跟手指一样粗!"哇!郑老师又让我们震惊了一次。

用愉悦和宽容来做堆肥

从郑诚汉的言谈中,不难发现他是个惜福的人。其实幸运的不只有郑老师,被养的土地也因为有他的付出,而有了更多的收获。土地、植物、堆肥在老师的分享中,成了一个自然共生的食物链,没有谁会被浪费,而是各自发挥所长,在地球上生生不息。

郑诚汉老师打趣道:"先前有一次我去丢垃圾,遇到学生,结果学生很不好意思地说:'对不起,老师,我没有做堆肥。'其实我真的觉得没有关系,我只是分享一个方法,要不要做都是取决于你,也许你眼前还不想做,也不必觉得对不起谁,真的不用那么内疚,等时机到了,把学会的方法拿出来,正确地做,这样就行了。"

相较于某些激进的人士,郑诚汉老师的风格截然不同,他以轻松、随和、宽容的气度,带动学生珍惜资源,愉悦地一起回收厨余做堆肥,一起绿化环境和心灵。这种感觉,真是好极了。

▲ 葱郁的庭院,里面的一草一木都是堆肥滋养出来的。

月眉小学，小学生点"食"成金

月眉小学"红蚯蚓工作队"

看似无用的厨余，在经过处理、掩埋、发酵等来来回回好几个步骤的工作后，就能变成植物生长所需的养分；但这件事不会凭空发生，除非有一群不怕辛苦、能够点"食"成金的人无私地付出。

 厨余变"黑金"，动手做身教

厨余变身"黑金"的过程，得历经厨余的碎处理、菌种播撒、酝酿发酵、采集肥液的步骤，才能成为植物成长所需的养分。步骤看来繁复，却不需要高深的专门技术及昂贵的花费，更没有年纪限制，月眉小学"红蚯蚓工作队"投入一整年的时间，证明了只要用心，就能点"食"成金。

【月眉小学小档案】

◆ 利用营养午餐厨余做堆肥、种稻、养稻间鸭

◆ 以液肥替代清洁剂，清洗厕所、水沟环境

◆ 台中县红蚯蚓厨余堆肥工作队团体组第三名

◆ 堆肥经验：有氧堆肥 3 年

▲ 带领月眉小学学童进行厨余堆肥的邱慧玲老师。

故事要从邱慧玲老师几年前开始接任总务及午餐秘书职务说起。其实，学校加入"红蚯蚓工作计划"已经 2~3 年了，却因为职务轮动，一直没办法专人专责督导厨余堆肥的工作。有着农经系毕业背景的邱老师，总会在自然课中对孩子们讲述生态与环境保护的常识，叮咛孩子要节能减碳、珍惜地球资源。她看着厨房边那几个闲置许久的蓝色厨余桶和斜倚着墙壁的几包菌种，心想："与其口头宣教，不如让孩子动手做，亲身去体验更真切。"于是，基于兴趣，也有几分实践精神，她开始认真对待厨余堆肥这件事。

"我觉得应该蛮好玩，纵使没做过，也不知道怎

么做,就想带着小朋友玩玩看。"在邱老师云淡风轻的说法中,我们看到做一件事若出自于兴趣,那么就算需要额外付出心力也会变成好玩的事。

念头一旦起了,动作也跟着积极起来。

募集环保小尖兵,正式成军

首先,办公室隔壁座位的老师,很快便帮她招募到当时四年级的陈靖沅、陈品涵、钟舒晴、谢凯翊、叶筱君这几位自愿的小朋友,他们在老师眼中,都具有活动参与度高、热心公共事务、有责任感的特质,月眉小学"红蚯蚓工作队"固定班底就此成军。

开始工作时,邱老师带着小朋友依照环保局技术人员教导的步骤开始堆肥,将切碎的厨余倒入桶里,撒菌种,也等着按时采集液肥。他们带着为校服务的荣誉感,每天中午准时在厨余回收工作区报到;他们满心期待,想亲眼看见微生物要怎样小兵立大功,化腐朽为神奇。谁知道隔天,小朋友急急忙忙跑来报告老师:"老师,桶里长虫了。"厨余桶边好多蠕动的小白虫,邱老师赶紧将桶拿到阳光下暴晒,来消灭这些小白虫,同时也检讨在哪个执行环节有疏漏。后来他们发现在播撒菌种时,必须完全覆盖住厨余,连桶边的缝隙也要填满,才能够阻绝臭味及小白虫滋生。之后,小朋友在工作时就越加细心,一层厨余、一层菌种地铺平,循序堆叠,一点儿都不马虎。

从堆肥实验中,实践生活教育

全校 450 名师生天天产出的厨余是没有间断的,大约 1 个星期就可集满 1 桶,随即要进行封桶,好让菌种有时间慢慢发酵、分解,变成有营养的肥料。邱老师在厨余桶外注记上封桶与收集液肥的日期,等于是把工作以系统化的方式,具体呈现给小朋友看,孩子们看着标签,更有完成任务的成就感。虽说是封桶,但孩子的好奇心并不会被锁住,他们很关心桶子里的变化。"不知道我前几天没吃完的小白菜被分解了吗?""前几天切碎的苹果核,会不会在里面发芽了啊?"因为好奇心让桶盖开开合合,

▲ 每天收集营养午餐的生、熟厨余,倒入桶内做堆肥。

没过几天，顶层被一层白色丝状物覆盖住，学生又急忙跑来报告："老师，桶里发霉了。"当地潮湿的气候让霉菌特别容易作怪，"尤其是我们的厨余太营养了"。她只好跟同学们约定：每星期只能打开桶盖"欣赏"一次内部的变化，其他时间桶盖盖着却不锁上，让里头的噬氧菌能够产生作用。

就这样，一桶接着一桶，小朋友越做越有心得，从初期的 6 个桶子，一直到现在维持着 10 个桶子进行着不同阶段的熟成。"其实，我们也不是一开始就做成功的。"每次学生发现了新的问题，如长虫了、发霉了，邱老师就带着孩子们去观察、找资料，或请教专家，一次一次改善做法，解决问题，这不正是教育落实在生活实践上最好的引导吗？

年产 1.3 吨有机肥＋600 升液肥

一个学期 20 周，每一桶厨余大约经过 2 个月成为半成品，就可以取出铺撒在休耕的土壤中让它继续分解发酵。或者让这些有机物质在舒适的桶子里安稳地待久一点，只要 3~4 个月，就可以转换成营养满分的有机肥料。以这样的产出速度来看，月眉小学目前一年大约可产出 1.3 吨有机肥及 600 升液肥。

"做成功的固肥是黑色的，原本的厨余都被分解得干干净净，而且没有臭味。偶尔发现里面有些许蛋壳残渣比较不容易被分解，可能需要再放长一点的时间。"邱老师不吝把经验分享给我们。

▲ 收集液肥，这可是清洁的好帮手。

堆肥改善土壤，学童种稻养鸭

当孩子们辛勤地努力产出一桶桶"黑金"时，校方也让其物尽所用。半熟的肥用来养土；黑色的固肥则用于为稻田、菜园和花圃施肥；平时漏出的液肥就用作天然的消臭及疏通剂。

1996 年时，月眉小学校园西侧有一块 200 平方米大的地闲置许久，新任校长王淑暖到任后，向相关部门争取补助与辅导，尝试在上面种植水稻，初期因土壤贫瘠，成效不彰。后来便尝试采用自制的固肥和液肥来改善土质，真的让这块地活了起来；之后更进一步配合推动"深度米食推广教育——学童种稻体验活动"，让学生可以亲自下田体验插秧、施肥、除草、养稻间鸭等活动，实际体验农耕的辛苦，获得普遍好评。

▲ 做好的堆肥可支援种稻小组的体验活动。

▲ 堆肥改善土壤的效果,小朋友都亲眼看见了。

🍃 人小志高,台中县团体组第3名

今年,月眉小学在全县170个队伍中脱颖而出获得团体组第3名,邱老师判断是因为他们用液肥取代清洁剂的缘故,"因为大部分的人,都是拿来施肥,只有我们是真的拿来用于洗厕所、洗手台,疏通水沟"。

当我们问起工作队的小帮手们会不会觉得辛苦时,小朋友异口同声地说:"不会啊!很神奇啊!放进去各式各样的东西,通通都会变不见哩!"工作队小朋友的使命感非常强,做什么都不以为苦,

▲ 月眉小学王淑暖校长、邱慧玲老师、张金雪老师，与五位"红蚯蚓工作队"的同学合影。

像是用来疏通及除臭效果很好的液肥，其实本身的味道并不好闻，刚开始还被六年级负责打扫的大哥哥、大姐姐嫌弃，但这群环保小尖兵们会义无反顾地跳出来力挺自己制造的天然除臭剂："哪有，一点都不臭！"今年这几位贡献良多的小朋友已升上高年级，仍被留任在工作队里，因为学校今年的行事历里"厨余变身与种稻体验"计划，还需要他们继续挥动魔法杖，点"食"成金呢！

用收集来的液肥洗厕所，好用、环保又省钱。

比清洁剂更好用的液肥

月眉小学的校园周边生态丰富，提供小朋友最佳自然观察的资源，却免不了蚊虫的困扰。基于微生物分解的原理，邱老师带领小朋友以液肥倒入厕所、洗手台及水沟这些容易阻塞的地方，静置 10 多分钟后，再用清水冲刷，发现水沟果然畅通了，蚊蝇也真的变少了，效果非常好。此举也为学校省下大笔购买清洁剂的费用，省钱又不破坏环境。